职业教育"岗课赛证"融通教材　　国家职业教育现代通信技术专业　　高等职业教育电类课程
教学资源库配套教材　　icve 智慧职教　新形态一体化教材

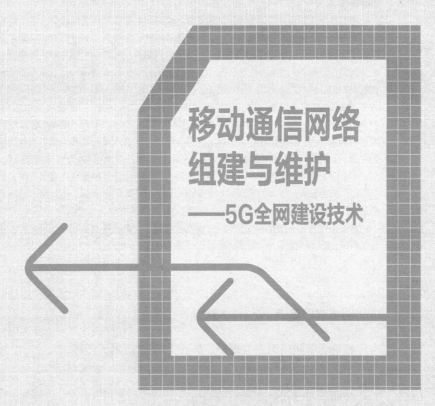

移动通信网络组建与维护

——5G全网建设技术

▶ 主　编　王苏南　杨巧莲　李滢滢

▶ 副主编　李昌斌　林　磊　郑智华
　　　　　翟　皓　秦宇镝

▶ 主　审　张建伟

U0199674

中国教育出版传媒集团
高等教育出版社·北京

内容提要

本书是职业教育"岗课赛证"融通教材，也是国家职业教育现代通信技术专业教学资源库配套教材。

本书以企业具体岗位需求为起点，分析岗位技能，定位人才培养方案，以此重新设计教学计划以及课程标准，融入职业技能等级证书考点，并加入全国职业院校技能大赛等赛项的赛题，以构建稳定、可靠且具备优良性能的5G网络为教学目标，设置适宜的教学内容和进度安排，确保读者能够掌握5G网络组建与维护的核心能力。本书围绕5G网络生命周期，设置"规—建—维—优—营"5个阶段，设计"规划5G网络""部署5G机房设备""建设5G非独立组网模式（Option 3x）""建设5G独立组网模式（Option 2）""维护5G网络""优化5G网络""支持5G新业务（切片）"和"管理5G网络移动性"8个项目，每个项目均包含若干任务，构建以项目为载体、任务为驱动，以技术技能培养为牵引的组织体系结构。每个项目中贯穿5G通信相关知识点和技能点的学习，最终使读者获得5G网络组建与维护的专业技能。

本书配套提供教学课件、微课、演示视频、任务测验答案等数字化教学资源，具体使用方法参见"智慧职教"服务指南。教师如需获取本书授课用教学课件等配套资源，请登录"高等教育出版社产品信息检索系统"（https://xuanshu.hep.com.cn）免费下载。

本书可作为高等职业本科、专科院校电子与信息大类通信类专业的课程教材，也可作为信息通信技术领域相关企业工程技术人员的培训教材和工具书。

图书在版编目（ＣＩＰ）数据

移动通信网络组建与维护：5G全网建设技术／王苏南，杨巧莲，李滢滢主编 . -- 北京：高等教育出版社，2024.6

ISBN 978-7-04-061643-9

Ⅰ. ①移… Ⅱ. ①王… ②杨… ③李… Ⅲ. ①第五代移动通信系统－高等职业教育－教材 Ⅳ. ①TN929.538

中国国家版本馆CIP数据核字（2024）第029812号

YIDONG TONGXIN WANGLUO ZUJIAN YU WEIHU——5G QUANWANG JIANSHE JISHU

策划编辑	郑期彤	责任编辑	郑期彤	封面设计	赵 阳	版式设计	童 丹
责任绘图	于 博	责任校对	吕红颖	责任印制	高 峰		

出版发行	高等教育出版社	网 址	http://www.hep.edu.cn
社 址	北京市西城区德外大街4号		http://www.hep.com.cn
邮政编码	100120	网上订购	http://www.hepmall.com.cn
印 刷	固安县铭成印刷有限公司		http://www.hepmall.com
开 本	850 mm×1168 mm 1/16		http://www.hepmall.cn
印 张	13.75		
字 数	340千字	版 次	2024年6月第1版
购书热线	010-58581118	印 次	2024年6月第1次印刷
咨询电话	400-810-0598	定 价	41.80元

"智慧职教"（www.icve.com.cn）是由高等教育出版社建设和运营的职业教育数字教学资源共建共享平台和在线课程教学服务平台,与教材配套课程相关的部分包括资源库平台、职教云平台和App等。用户通过平台注册,登录即可使用该平台。

● 资源库平台:为学习者提供本教材配套课程及资源的浏览服务。

登录"智慧职教"平台,在首页搜索框中搜索"5G全网建设技术",找到对应作者主持的课程,加入课程参加学习,即可浏览课程资源。

● 职教云平台:帮助任课教师对本教材配套课程进行引用、修改,再发布为个性化课程（SPOC）。

1. 登录职教云平台,在首页单击"新增课程"按钮,根据提示设置要构建的个性化课程的基本信息。

2. 进入课程编辑页面设置教学班级后,在"教学管理"的"教学设计"中"导入"教材配套课程,可根据教学需要进行修改,再发布为个性化课程。

● App:帮助任课教师和学生基于新构建的个性化课程开展线上线下混合式、智能化教与学。

1. 在应用市场搜索"智慧职教 icve" App,下载安装。

2. 登录App,任课教师指导学生加入个性化课程,并利用App提供的各类功能,开展课前、课中、课后的教学互动,构建智慧课堂。

"智慧职教"使用帮助及常见问题解答请访问 help.icve.com.cn。

"5G全网建设技术"在线课程

编写说明

教材是学校教育教学活动的核心载体,承担着立德树人、启智增慧的重要使命。历史兴衰、春秋家国浓缩于教材,民族精神、文化根脉熔铸于教材,价值选择、理念坚守传递于教材。教材建设是国家事权,国家教材委员会印发《全国大中小学教材建设规划(2019—2022年)》,教育部印发《中小学教材管理办法》《职业院校教材管理办法》《普通高等学校教材管理办法》《学校选用境外教材管理办法》,系统描绘了大中小学教材建设蓝图,奠定了教材管理的"四梁八柱"。党的二十大首次明确提出"深化教育领域综合改革,加强教材建设和管理",对新时代教材建设提出了新的更高要求,昭示我们要着力提升教材建设的科学化、规范化水平,全面提高教材质量,切实发挥教材的育人功能。

职业教育教材既是学校教材的重要组成部分,又具有鲜明的类型教育特色,量大面广种类多。目前,400多家出版社正式出版的教材有74 000余种,基本满足19个专业大类、97个专业类、1 349个专业教学的需要,涌现出一批优秀教材,但也存在特色不鲜明、适应性不强、产品趋同、良莠不齐、"多而少优"等问题。

全国职业教育大会提出要一体化设计中职、高职、本科职业教育培养体系,深化"三教"改革,"岗课赛证"综合育人,提升教育质量。2021年,中共中央办公厅、国务院办公厅印发的《关于推动现代职业教育高质量发展的意见》明确提出了"完善'岗课赛证'综合育人机制,按照生产实际和岗位需求设计开发课程,开发模块化、系统化的实训课程体系,提升学生实践能力"的任务。2022年,中共中央办公厅、国务院办公厅印发的《关于深化现代职业教育体系建设改革的意见》把打造一批优质教材作为提升职业学校关键办学能力的一项重点工作。2021年,教育部办公厅印发的《"十四五"职业教育规划教材建设实施方案》提出要分批建设1万种左右职业教育国家规划教材,指导建设一大批省级规划教材,高起点、高标准建设中国特色高质量职业教育教材体系。

设计"岗课赛证"融通教材具有多重意义:一是着重体现优化类型教育特色,着力克服教材学科化、培训化倾向;二是体现适应性要求,关键是体现"新""实",反映新知识、新技术、新工艺、新方法,提升服务国家产业发展能力,破解教材陈旧问题;三是体现育人要求,体现德技并重,德行天下,技耀中华,摒弃教材"重教轻育"顽症;四是体现"三教"改革精神,以教材为基准规范教师教学行为,提高教学质量;五是体现统筹职业教育、高等教育、继续教育协同创新精神,吸引优秀人才编写教材,推动高水平大学学者与高端职业院校名师合作编写教材;六是体现推进职普融通、产教融合、科教融汇要求,集聚头部企业技能大师、顶尖科研机构专家、一流出版社编辑参与教材研制;七是体现产业、行业、职业、专业、课程、教材的关联性,吃透行情、业情、学情、教情,汇聚优质职业教育资源进教材,立足全局看职教教材,跳出职教看职教教材,面向未来看职教教材,认清教材的意义、价值;八是体现中国特色,反映中国产业发展实际和民族优秀传统文化,开拓国际视野,积极借鉴人类优秀文明成果,吸纳国际先进水平,倡导互学互鉴,增进自信自强。

"岗课赛证"融通教材设计尝试以促进学生的全面发展为魂:以岗位为技能学习的方向(30%),以岗定课;以课程为技能学习的基础(40%);以竞赛为技能学习的高点(10%),以赛促课;以证书为行业检验技能学习成果的门槛(20%),以证验课。教材鲜明的特点是:岗位描述—典型任务—能力类型—能力等级—学习情境—知识基础—赛课融通—书证融通—职业素养。教材编写体例的要点是:概述(产业—行业—职业—专业—课程—教材)—岗位群—典型任务—能力结构—学习情境—教学目标—教学内容—教学方法—案例分析—仿真训练—情境实训—综合实践—成果评价—教学资源—拓展学习。"岗课赛证"融通教材有助于促进学用一致、知行合一,增强适应性,提高育人育才质量。

"岗课赛证"融通教材以科研为引领,以课题为载体,具有以下特色。一是坚持方向,贯通主线,把牢政治方向,把习近平新时代中国特色社会主义思想,特别是关于教材建设的重要论述贯穿始终,把立德树人要求体现在教材编写的各个环节。二是整体设计,突出重点,服务中、高、本职业教育体系,着力专业课、实训课教材建设。三是强强结合、优势互补,通过统筹高端职业院校、高水平大学、顶尖科研机构、头部企业、一流出版社的协同创新,聚天下英才,汇优质资源,推进产教融合、职普融通、科教融汇,做出适应技能教育需要的品牌教材。四是守正创新,汲取历史经验教训,站在巨人的肩膀上,勇于开拓,善于创造,懂得变通,不断推陈出新。五是立足当下,着眼长远,努力把高质量教育要求体现在教材编写的匠心中,体现在用心打造培根铸魂、启智增慧、适应时代发展的精品教材中,体现在类型教育特色鲜明、适应性强的品牌教材中,体现在对教育产品的严格把关中,体现在对祖国未来、国家发展的高度负责中,为高质量职业教育体系建设培养技能复合型人才提供适合而优质的教材。

职业教育"岗课赛证"融通教材研编委员会

2023 年 3 月

序

　　我非常荣幸为大家推荐这本《移动通信网络组建与维护——5G全网建设技术》。本书是职业教育"岗课赛证"融通教材，由深圳职业技术大学牵头，联合行业和知名企业共同编写。

　　本书的亮点有以下几点。首先，本书的设计理念突出了工学结合、知行合一，使学生能够将所学的理论知识与实际应用相结合，培养解决实际问题的能力。其次，本书的内容编排突出了产业性和实践性，以5G移动通信行业通信工程所涵盖的岗位群基本技术能力要求为起点，全面分析了岗位技能定位和人才培养方案，涵盖了"规划、建设、维护、优化、运营"等各个岗位群的技能要求。同时，本书的编写团队突出了专兼结合和校企协同的特点，由深圳职业技术大学的主编团队与相关企业专业人员合作完成，保证了本书的专业性和实用性。此外，本书的呈现形式简洁明了，以简明易懂的文字、清晰直观的图表和案例为读者展示了移动通信网络组建与维护的各个方面，方便学生理解和掌握复杂的概念和技术。最后，本书的使用方式突出了任务驱动和教训一体，每个项目都加入了高水平的全国职业院校技能大赛等赛项的赛题，使学生能够通过实际任务的完成来提升他们的技能水平，增强他们的学习兴趣和动力。

　　本书是职业教育领域教材和资源建设的一次重要创新。它重新设计了教学计划和课程标准，将职业技能等级证书的考核要点融入其中，为学生提供了一个更加实用和有针对性的学习路径。

　　我相信本书能够帮助广大学生更好地理解、学习和运用移动通信网络组建与维护的知识和技能，为他们的职业发展打下坚实的基础。最后，我要感谢参与编写和推广本书的所有工作人员。

中国工程院院士

2024年3月

前　言

一、教材编写目的

我国的 5G 发展从 2012 年正式启动,由工业和信息化部、国家发展和改革委员会等联合组成推进组,统筹推进相关工作,2016 年开始 5G 关键技术试验。

随着《"十四五"信息通信行业发展规划》《"十四五"数字经济发展规划》《5G 应用"扬帆"行动计划(2021—2023 年)》的陆续发布,5G 在带动投资、刺激消费、促进转型上发挥着巨大的作用。2021 年 12 月 12 日,国务院在《"十四五"数字经济发展规划》中明确指出,要建成全球规模最大的光纤和第四代移动通信(4G)网络,第五代移动通信(5G)网络建设和应用加速推进。

党的二十大报告提出"全面建设社会主义现代化国家"的历史任务,本书旨在帮助读者掌握 5G 网络组建与维护技术,为国家现代化建设做出贡献。如今,5G 已经成为世界通信强国的国家战略,是数字信息经济的关键支撑,各国政府和知名标准组织已经开始进行 5G 网络建设。在我国"新基建"战略中,5G 建设是重中之重。截至 2022 年年底,我国已经建设完成的 5G 基站数量达到 230 万个,实现所有地级以上城市 5G 网络全覆盖,形成全球最大 5G 独立组网网络,同时,5G 行业应用创新案例已超过 1 万个。如何高质量、低成本和高效率地建设与运营 5G 网络已成为 5G 网络商用进程中的重要问题。

为贯彻落实全国职业教育大会精神和中共中央办公厅、国务院办公厅《关于推动现代职业教育高质量发展的意见》提出的"完善'岗课赛证'综合育人机制"精神,促进产业需求与专业设置、岗位标准与课程内容、生产过程与教学过程的精准对接,倒逼职业教育教学改革,形成岗位能力、项目课程、竞赛交流、证书检验"四位一体"的技能人才培养模式,增强职业教育适应性,大幅提升读者实践能力,在广泛调研 5G 移动通信技术行业企业,征求企业专家、职业教育专家意见的基础上,我们编写了本书。

二、教材编写逻辑

本书的编写体例充分体现产教融合的特点,从"产业链""创新链""人才链""教育链"多维度对 5G 通信产业、技术技能、岗位能力等方面进行介绍,充分分析真实工作岗位的技术技能要求;融入与 5G 网络组建与维护相关的大赛内容,引导读者参加相关大赛并结合本书的知识进行实践,提升读者的实际操作能力和解决问题的能力;涵盖和 5G 网络组建与维护相关的专业认证内容,引导读者了解认证要求,帮助读者提前准备和考取 5G 相关职业技能等级证书。

本书利用线上线下混合式教学方式,采用项目化课程架构将基础理论知识和实践技能紧密结合,以"规—建—维—优—营"的 5G 网络生命周期为主线设计项目内容,具体如下:

规:项目 1 规划 5G 网络和项目 2 部署 5G 机房设备。

建:项目 3 建设 5G 非独立组网模式(Option 3x)和项目 4 建设 5G 独立组网模式(Option 2)。

维:项目 5 维护 5G 网络,确保网络稳定性,使其高性能运行。

优:项目 6 优化 5G 网络和项目 7 支持 5G 新业务(切片),提高 5G 网络的性能和能力,以满足不同场景和业务需求。

营:项目 8 管理 5G 网络移动性,保证终端设备能够在移动过程中无缝切换不同基站,保证网络服务质量。

全书以构建稳定、可靠且具备优良性能的 5G 网络为教学目标,设置适宜的教学内容和进度安排,确保读者能够掌握 5G 网络组建与维护的核心能力。项目之间,知识全面覆盖,难度层层递进,项目载体容易理解。

三、教材编写内容

本书的编写以"贴近工程、能力为要、分块整合"为核心理念,打破传统重教轻学的"单向式教学"课程模式,转变为以读者能力提升为中心组织课程内容。全书基于真实工作过程,利用现代教育技术和新一代信息技术,以 5G 全网建设为主线,精心提炼整合为一本注重专业核心能力培养、工程实践能力培养、创新创业能力培养的教材。

本书共 8 个项目,其中项目 1 是规划 5G 网络,主要介绍 5G 的基础理论知识,并对 Option 2 和 Option 3x 进行拓扑规划和容量规划;项目 2 是部署 5G 机房设备,主要介绍 5G 核心网、无线网、承载网的设备部署及线缆连接;项目 3 和项目 4 是建设 5G 组网模式,分别介绍 Option 3x 和 Option 2 核心网、无线网、承载网的数据解析及配置;项目 5 是维护 5G 网络,主要介绍 Option 3x 和 Option 2 的网络故障案例及分析;项目 6 是优化 5G 网络,主要介绍网络优化的概念及实施流程;项目 7 是支持 5G 新业务(切片),主要介绍网络切片的基础知识,并以自动驾驶为案例对网络切片配置流程展开讲解;项目 8 是管理 5G 网络移动性,主要介绍重选、切换、漫游的概念及配置。

全书从 5G 网络的规划、部署、建设、维护、支持、管理几个方面系统讲解,使读者获得清晰的学习思路。本书内容丰富,在讲解理论知识的基础上重点突出案例实践,构建"专业特色鲜明、岗课赛证融通"的 5G 综合内容体系。本书的编写体例充分体现产教融合的特点,充分融入真实工作岗位、技能大赛、职业技能等级证书要求,每个项目均包括项目引入、知识图谱、项目目标、项目总结、赛事模拟等部分,以"实训、赛题融入理论,与对应的理论知识相结合"的原则编排全书内容。

四、教材编写特色和创新

本书是职业教育"岗课赛证"融通教材。在设计思路上,突出以企业具体岗位需求为起点,以构建稳定、可靠且具备优良性能的 5G 网络为教学目标,设置适宜的教学内容和进度安排,确保读者能够掌握 5G 网络组建与维护的核心能力;在内容编排上,突出融合职业技能等级证书和全国职业院校技能大赛标准;在编写团队上,突出产教深度融合,专业教师与企业专家默契合作;在呈现形式上,突出以读者为中心,着重培养读者的自主学习能力,采用二维码、虚拟仿真等多种形式辅助教学;在教材使用上,突出内容更新和虚拟仿真实训条件建设,不仅配备传统的教学课件,还配备在线课程、虚拟仿真实训资源,便于教师教课和读者学习。

五、教材编写团队

本书的编写团队突出了专兼结合、校企协同的特点,由深圳职业技术大学的老师王苏南、杨巧莲、李滢滢、王永学、郑智华、李昌斌、秦宇镝等,联合中兴通讯股份有限公司、北京华晟经世信息技术股份有限公司、深圳市艾优威科技有限公司等企业的工程师林磊、吴岳涛、翟皓、马芳云等共同编写。王苏南负责协调全书的编写工作,确保内容的一致性和质量,对教材架构和章节安排进行规划,并对最终稿件进行审查和修改。杨巧莲负责无线网络方向各项目和任务文字部分的编写工作。李滢滢负责承载网方向各项目和任务文字部分的编写工作。王永学、李昌斌、郑智华和秦宇镝负责整理"赛事模拟"部分,特别是对全国职业院校技能大赛等赛事的真题进行剖析。网络架构师林磊和翟皓负责设计5G网络的系统架构和组网方案,在考虑网络可靠性、容量和性能等关键要素的基础上,为读者提供最佳的实践指导。网络运维专家吴岳涛、马芳云负责实际网络运维管理方面的经验分享,提供真实案例分析和故障处理技巧,这些实际操作经验能够帮助读者更好地理解和应用书中的知识。ICT领域专家张平院士拥有深入的特定领域知识和实践经验,根据本书大纲,深入研究和分析相关理论和实践,提出将专业知识转化为易于理解和应用的书本内容。全书由许昌职业技术学院张建伟教授任主审。

　　由于编者水平有限,书中难免有疏漏和不妥之处,敬请广大读者批评指正。

编者
2024 年 5 月

目　录

一、5G 行业产业链分析

5G 通信是指第五代移动通信技术,它通过大幅提高网络速度和数据传输容量,实现了人与人、人与物、物与物之间无缝连接的智能化通信,也被誉为"数字经济新引擎",既是人工智能、物联网、云计算、区块链、视频社交等新技术、新产业的基础,又将为"工业 4.0"提供关键支撑。然而,5G 通信的发展并不是一蹴而就的,而是经历了多个阶段和关键技术突破的演进过程。5G 通信的最初概念主要集中在高速传输和大容量数据传输上,以满足用户快速连接和高清视频、虚拟现实等应用的需求。随着技术的不断进步,5G 通信逐渐演化成为更加综合和智能的网络体系,涵盖了更多领域的需求。其中,5G 的三大关键技术(超高频率、超密集网络和超大带宽)成为实现 5G 通信技术的重要支撑。

在 5G 通信的行业发展历程中,标准制定和网络建设是关键节点。国际电信联盟(ITU)和第三代合作伙伴计划(3GPP)等组织制定了 5G 通信的相关标准,为全球范围内的运营商提供了统一的技术规范。同时,各国政府和运营商积极投入资金和资源,加快了 5G 网络的建设和实施。从最早的试验阶段到目前的商用部署,5G 通信已经在许多国家和地区取得初步成果,并为各行各业带来新的机遇和挑战。

5G 承载了丰富的内涵和持续演进的发展历程。它不仅提供了更快速、更可靠的无线通信服务,也推动了人工智能、物联网等前沿技术的发展,为数字化社会的构建和创新应用的实现奠定了基础。随着 5G 通信技术的不断完善和应用场景的拓展,我们有理由相信 5G 通信将继续引领着信息通信行业的未来发展。5G 通信产业链主要包括 5G 技术、5G 网络、5G 终端和 5G 应用。

在我国"新基建"背景下,上游产业链主要以中国移动、中国联通、中国电信等电信运营商组成 5G 网络的三大部分(接入网、承载网和核心网),涉及网络的规划设计、工程施工、系统集成、网络运营、网络优化与维护等,属于通信网络生命周期的前半部分;中游产业链主要有大唐、中兴、华为等 5G 设备制造商和供应商,负责生产和组装交换机、路由器、基站、终端等 5G 通信网络连接设备,并将其交付给运营商或最终用户;下游产业链有华为海思、联发科等芯片及组件供应商,负责设计和制造 5G 芯片、天线、射频模块、传感器等组件,为 5G 设备的性能和功能提供重要的支持。

随着 5G 通信技术的商用化和应用推广,5G 通信产业的市场规模逐渐扩大。根据预测,全国 5G 服务的市场规模在未来几年内将快速增长,预计到 2030 年将达数十万亿元。在整个产业链中,通常由电信运营商为主导,他们积极投入 5G 网络建设,扩大用户基础,提供移动通信和固定通信服务,同时在网络覆盖、资费套餐、服务质量等方面展开竞争;通信设备供应商致力于研发和生产 5G 设备;互联网巨头则以其技术和服务优势推动 5G 与其他前沿技术的结合;此外,还涌现出许多创新型企业和初创公司,专注于 5G 应用场景的开发和创新。这些都与本书的内容息息相关。

当前的 5G 通信产业呈现出市场规模扩大、行业布局加速、企业类型丰富和技术创新推动的特点。随着技术的不断成熟和应用场景的拓展,5G 通信产业有望持续快速发展,并为全球经济和社会的数字化转型带来更多机遇和动力。

二、5G 行业创新链分析

5G 领域的创新不仅包括技术方面的突破,还涉及新的应用场景和规模化增长,这三方面的创新形成链条,共同推动 5G 的发展。

首先,5G 技术的创新是推动整个行业发展的核心动力。关键技术包括更高的频谱带宽、更低的时延、多用户和多设备的连接能力、网络切片等。这些技术的突破为更快速、更可靠的通信提供了基础,打开了各类创新应用的可能性。伴随着 5G 应用创新的步伐,5G 不只为普通消费者带来了体验升级,更在驱动行业数字化转型中呈现出独特的价值。从推动实体经济域来看,国家将重点推进 5G 在工业互联网、车联网、智慧物流、智慧港口、智慧采矿、智慧电力、智慧油气、智慧农业和智慧水利等领域的深度应用,加快重点行业数字化转型进程。

其次,工业和信息化部等十部门联合印发《5G 应用 "扬帆" 行动计划(2021—2023年)》,目标是深入推进 5G 赋能千行百业,促进形成 "需求牵引供给,供给创造需求" 的高水平发展模式。面向信息消费、实体经济、民生服务三大领域,重点推进 15 个行业的 5G 应用,通过三年时间初步形成 5G 创新应用体系。5G 的快速传输速度和低时延为各行业带来巨大的创新机会。例如,智能制造、智慧医疗、智能交通、虚拟现实等领域都能通过 5G 实现更高效、更智能的解决方案。新兴的应用场景为企业和个人提供了更多的选择和丰富的体验。

最后,5G 的快速发展将带来规模化增长的机遇。随着全球各地的 5G 基础设施的建设和商用化,5G 用户数量将大幅增加,使得更多的设备和服务能够连接到 5G 网络上。5G 带来的数字技术发展将使产业组织体系和产业系统的商业模式发生深刻变化,并通过信息流驱动技术流、资金流、人才流、物资流的进一步流通,以此优化产业资源配置。整个产业体系正在重塑,产业的数字化加速拓展,这将推动相关产业的扩展和发展,从芯片供应商、设备制造商到应用开发商、电信运营商等,整个产业链都将迎来更广阔的市场。

总之,作为底层通信技术,5G 能承载更多的数据。5G 所带来的庞大的数据加上区块链技术可以有效地传输有价值的真实信息。5G 行业创新链将为各行业带来更多的商机和变革。

三、5G 行业人才链分析

随着 5G 网络的建设和商用化,运营商和设备制造商需要大量的 5G 网络工程师和运维人员来进行网络规划、部署和维护。就业市场相对活跃,但在竞争中须面对其他专业的竞争者。高等职业院校读者可以通过本书学习专业技能和实践经验,以提高自身的竞争力和就业机会。

通过对本书的学习,读者可以:

- 掌握 5G 网络架构和相关技术标准,能够进行 5G 网络规划和设计,包括基站布点、调度资源、网络优化等技术技能,可从事网络规划与设计方面的岗位。
- 了解 5G 网络基站的安装和配置,能够进行网络设备的集成,保证网络的正常运行,可从事网络部署与集成方面的岗位。
- 具备故障排除和网络维护的技能,能够解决网络故障、调优和优化网络性能,可从事网络维护与故障排除方面的岗位。
- 熟悉网络监控工具和系统,能够及时发现并处理网络异常,保证网络的稳定运行,可从事网络监控与管理方面的岗位。

另外,5G 网络组建与维护岗位通常需要与团队成员、运营商和设备供应商等人员进行有效的沟通和协作。读者可以通过参与相关项目或实习,获得实践经验,进一步提升自己的技能水平和竞争力;可以通过持续学习和发展,关注 5G 行业的最新技术和标准,了解新的工具和方法,保持与行业的同步;也可以通过行业技术等级考试,取得华为、中兴、电信运营商等的相关认证,以及教育部职业技能等级证书,来提升自身的专业认可度。

随着不同制式相互融合,未来 5G 高频段的应用将使得移动通信信号覆盖变得更加复杂,相关的岗位需求量必将有一定的增长。伴随着 5G 网络与行业的共生发展,基于 5G 通信网络的大数据分析开发、云通信应用开发需求日益增多,行业迫切需要具备业务开发能力与通信技术专业技能的复合型技能人才支撑行业的可持续发展、精细化发展。因此,读者要不断学习和实践,以迎接 5G 行业的挑战,并实现新职业、新技能的发展。

四、5G 行业教育链分析

随着 5G 网络的快速发展和应用,岗位需求和职业能力要求也在不断变化。不同培养层级的职业教育机构(中职、高职专科、高职本科)需要及时调整相关专业(群)的定位和课程,以适应当前和未来的行业需求。下面将分析国内中职、高职专科和高职本科教育的现状,和本书面向现代通信技术及相关通信类专业定位、课程内容和课程体系调整的方向。

中职学生通常以技能培养为主要目标。在 5G 网络领域,中职教育应注重实际操作技能的培养,课程设置应着重于基础理论知识和实验操作技能的结合,多进行实操训练和实践项目,帮助学生快速掌握 5G 网络组建和维护的基本技能。

高职专科教育应注重培养学生的专业素养和实践能力。在 5G 网络领域,应扩大课程的广度和深度,除了基础理论知识,还应注重培养学生的实际应用能力,包括网络规划与优化、网络故障排除与维护等方面的技能训练,同时加强实习实训环节,培养学生的实践能力和解决问题的能力。

高职本科教育的目标是培养应用型专门人才。在 5G 网络领域,课程设置应更加注重理论与实践的结合,既培养学生的网络技术理论和算法知识,也注重专业实践和创新能力的培养。在课程体系上,可以增加网络规划与设计、5G 网络切片和网络安全等专业深化的方向,让学生对 5G 网络的不同领域有更深入的理解和应用能力。

本书主要面向的是高等职业教育人才培养,对相关专业的调整和建议如下:

(1)与企业密切合作,了解实际行业需求,及时调整现代通信技术专业(群)的定位和课程内容,以培养符合岗位需求的毕业生。

(2)强化实践环节,设置实验室、实训基地等实验教学场所,提供更多实操机会,培养学生的实际操作能力。

(3)鼓励学生参与项目实践和实习,与实际项目结合,锻炼解决问题和团队合作的能力。

(4)强化创新能力培养,鼓励学生参加科研项目、竞赛等,培养学生的创新思维和实践能力。

希望能够提高不同培养层级的职业教育机构在 5G 网络领域的专业定位和课程设置,培养出更加适应市场需求的高素质人才,并为行业的发展做出积极贡献。同时,调整课程体系也将有助于提高职业院校的教育水平和质量,为社会培养更多具有实践经验和应用能力的人才,为国家的科技进步和发展奠定坚实的基础。总之,相信整个职业教育体系将因为"5G 网络组建与维护"课程的优化和改革而更加适应快速发展的时代需求。

五、结语

本书着重介绍 5G 网络组建与维护的知识和技能。作为现代通信技术专业(群)核心课程的配套教材,本书旨在为读者提供全面、系统的教学内容和实践指导。

随着 5G 时代的到来,网络技术和业务需求的不断演进对网络工程师和运维人员提出了新的要求和挑战。因此,本课程在内容编排和教学组织上,特别注重突出"岗课赛证、综合育人"的新变化。在教学过程中,可以采用案例教学、课堂讨论、小组项目、实验及实践操作等多种教学方法,激发学生的学习兴趣和积极性。同时,教师也可以引导学生进行自主学习,鼓励他们主动探索和研究相关领域的前沿技术和发展动态。

最终,这本"岗课赛证"融通的教材将为读者提供一种全新的学习体验,帮助他们深入了解 5G 网络的组建与维护,并在实践中不断提升自己的技能和能力。通过对本书的学习,读者将在 5G 时代的网络领域展现出更大的潜力和创造力。

项目 **1**

规划 5G 网络

☑ 项目引入

　　IMT-2020 被称为第五代移动通信技术（5th generation mobile communication technology,5G ），是具有高速率、低时延和大连接特点的新一代宽带移动通信技术。5G 通信设施是实现人机物互联的网络基础设施。5G 全网建设在国内从 2019 年开始，至今已得到极大的发展。5G 全网建设的总流程包含网络规划、网络建设、网络维护、网络优化 4 个方面。

　　本项目包括规划 5G 网络拓扑和规划 5G 网络容量两个任务。通过此项目,可以了解无线网络规划的关键流程和方法,包含无线覆盖预算、无线容量估算、无线综合计算和核心网容量规划等,加深对 5G 网络的理解。

☑ 知识图谱

　　本项目知识图谱如图 1-1 所示。

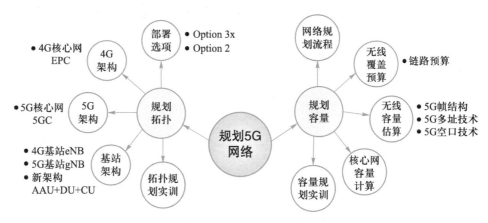

图 1-1　项目 1 知识图谱

☑ 项目目标

➤ 知识目标
- 掌握 5G 多种部署选项。
- 掌握 4G 核心网 EPC 架构。
- 掌握 5G 网络架构。
- 掌握 5G 基站架构。
- 掌握 5G 组网拓扑。
- 掌握 5G 网络规划流程。
- 掌握 5G 无线覆盖预算。
- 掌握 5G 无线容量估算。
- 掌握 5G 核心网容量计算。

➤ 能力目标
- 具备作为网络规划建设人员进行网络拓扑规划的能力。
- 具备作为网络规划建设人员进行网络规划的能力。

➤ 素养目标
- 具有严谨、规范的职业素质。
- 具有注重细节、精益求精、追求卓越的态度。

➤ "5G 移动网络运维" 职业技能等级证书考点
- (初级)达到网络优化模块中前台基础业务测试要求。
- (初级)达到网络优化模块中后台 KPI 分析与参数配置要求。
- (中级)达到网络优化模块中无线综合性能维护与后台参数优化要求。
- (高级)达到网络优化模块中无线网络综合性能维护与优化要求。
- (高级)达到网络优化模块中场景特性全网络运维要求。

任务 1.1　规划 5G 网络拓扑

任务描述

本任务的内容是了解 5G 的系统架构,包括非独立组网及独立组网下几种组网选项、4G 核心网 EPC 架构、5G 网络架构和 5G 基站架构。

通过本任务,可以了解 5G 网络的基本架构,加深对 Option 2 与 Option 3x 的网络拓扑规划的理解。

任务准备

为了完成本任务,需要做以下知识准备:

(1)了解 5G 多种部署选项。

(2)了解 4G 核心网 EPC 架构。

(3)了解 5G 网络架构。

(4)了解 5G 基站架构。

(5)掌握 Option 2 与 Option 3x 网络拓扑规划。

1. 5G 多种部署选项

由于 5G 网络使用的频段较高,在建设初期很难形成连片覆盖,因此在部署 5G 的同时取得成熟 4G 网络的帮助就很重要。组网架构总体上可分为两大类,即独立组网(standalone,SA)和非独立组网(non-standalone,NSA)。

微课
5G 组网模式

独立组网是指由独立的 4G 基站系统(long term evolution,LTE)或 5G 基站系统(new radio,NR)加上核心网组成的网络架构。非独立组网是指无线侧 4G 基站和 5G 基站并存,核心网采用 4G 核心网 EPC 或 5G 核心网 5GC。

5G 协议规定的组网选项如图 1-2 所示。

(1)Option 1:独立组网,即 LTE 基站连接 4G 核心网,这是目前 4G 网络的组网架构。

(2)Option 2:独立组网,即 5G NR(新空口)基站连接到 5G 核心网。

(3)Option 3:非独立组网,即 LTE 和 5G NR 基站双连接到 4G 核心网。

(4)Option 4:非独立组网,即增强型 LTE 和 5G NR 基站双连接到 5G 核心网。

(5)Option 5:独立组网,即增强型 LTE 基站连接到 5G 核心网。

(6)Option 6:独立组网,即 5G NR 基站连接到 4G 核心网,实用价值小,商用未采纳。

(7)Option 7:非独立组网,即增强型 LTE 和 5G NR 基站双连接到 5G 核心网。

1)非独立组网

(1)Option 3 系列:终端同时连接到 5G NR 和 4G LTE 基站,核心网沿用 4G 核心网 EPC。在控制面,Option 3 系列完全依赖现有的 LTE,控制面锚点均在 4G 基站 eNB

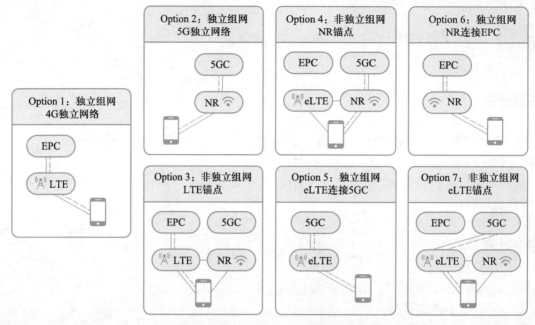

图 1-2   5G 协议规定的组网选项

（eNodeB）。但其在用户面的数据分流点上有区别,这就是 Option 3 系列有 3、3a 和 3x 三种子选项的原因,如图 1-3 所示。

三种子选项的用户面数据分流点的区别如下:

① Option 3 由 4G 基站分流后再传送到终端。

② Option 3a 由 EPC 直接分流后再分别通过 4G 和 5G 基站传送到终端。

③ Option 3x 由 5G 基站分流后再传送到终端。

Option 3x 充分发挥了 5G 基站超强的处理能力,也减轻了 4G 基站的负载,受到运营商的青睐。目前全球很多运营商都宣布支持 Option 3x 进行初期的 5G 网络部署。

（2）Option 4 系列:终端同时连接到 5G NR 和改造后的增强型 LTE 基站,核心网使用 5GC。在控制面,Option 4 系列依赖 5G NR,控制面锚点都在 gNB。但其在用户面的数据分流点上有区别,分为 4 和 4a 两种子选项,如图 1-4 所示。

两种子选项的用户面数据分流点的区别如下:

① Option 4 由 5G 基站分流后再传送到终端。

② Option 4a 由 5GC 直接分流后再分别通过 4G 和 5G 基站传送到终端。

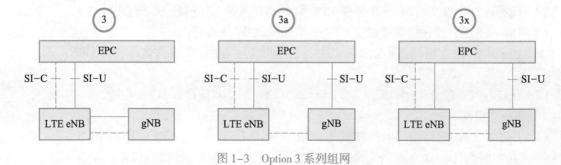

图 1-3   Option 3 系列组网

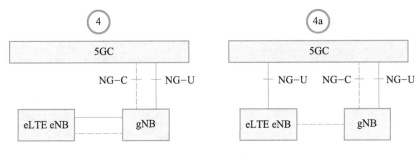

图 1-4 Option 4 系列组网

（3）Option 7 系列：终端同时连接到 5G NR 和改造后的增强型 4G LTE 基站，核心网使用 5GC。在控制面，Option 7 系列锚点均在增强型 4G 基站。但其在用户面的数据分流点上有区别，因此，和 Option 3 系列相似，Option 7 系列也分为 7、7a 和 7x 三种子选项，如图 1-5 所示。

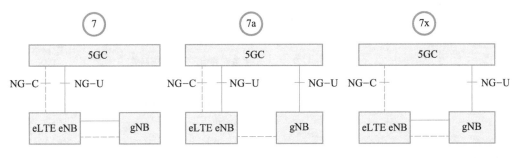

图 1-5 Option 7 系列组网

三种子选项的用户面数据分流点的区别如下：

① Option 7 由增强型 4G 基站分流后再传送到终端。

② Option 7a 由 5GC 直接分流后再分别通过增强型 4G 和 5G 基站传送到终端。

③ Option 7x 由 5G 基站分流后再传送到终端。

2）独立组网

独立组网模式的 Option 2 和 Option 5，核心网都采用 5GC，无线网分别是 5G NR，或增强型 LTE。

（1）Option 2：采用 5G NR 和 5GC 独立组网，是 5G 网络的终极目标，如图 1-6 所示。

运营商一旦选择从 Option 2 开始建网，就意味着需要大规模投资建设，在早期 5G 新应用还未爆发的现状下，这要求运营商平衡好 4G 资产保护和 5G 建网投入。

（2）Option 5：采用增强型 LTE 连接到 5GC，如图 1-7 所示。

选择 Option 5 的运营商非常看重 5GC 的云原生能力，比如英国运营商 Three 就计划提前将 4G 核心网迁移至 5G 核心网，以帮助一些企业专网提早接入其 5G 核心网。

2. 4G 核心网 EPC 架构

4G 是第四代移动通信技术，该技术包括 TD-LTE 和 FDD-LTE 两种制式。

LTE 网络结构如图 1-8 所示，其中无线网为 E-UTRAN（evolved UTRAN，演进型 UTRAN），核心网为 EPC（evolved packet core，演进分组核心），整个系统称为 EPS（evolved

微课
4G 网络架构

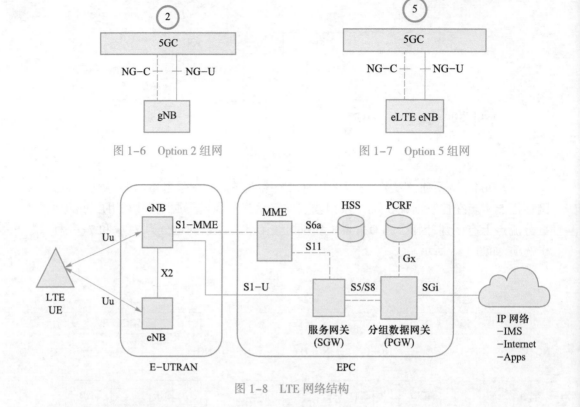

图 1-6   Option 2 组网   图 1-7   Option 5 组网

图 1-8   LTE 网络结构

packet system,演进分组系统)。

EPC 核心网主要由移动性管理设备(MME)、服务网关(SGW,又写作 S-GW)、分组数据网网关(PGW,又写作 P-GW)、存储用户签约信息的 HSS(归属用户服务器)、策略控制单元(PCRF)等组成,其中 SGW 和 PGW 可以合设,也可以分设。EPC 核心网架构秉承了控制与承载分离的理念,将分组域中 SGSN(服务 GPRS 支持节点)的移动性管理、信令控制功能和媒体转发功能分离出来,分别由两个网元来完成,其中,MME 负责移动性管理、信令处理等功能,SGW 负责媒体流处理及转发等功能;PGW 则仍承担 GGSN(网关 GPRS 支持节点)的职能。LTE 无线系统中取消了 RNC(无线网络控制器)网元,将其功能分别移至基站 eNB 和核心网网元,eNB 直接通过 S1 接口与 MME、SGW 互通,简化了无线系统的结构。

3. 5G 网络架构

为更好地支持典型应用场景下的不同业务需求,5G 网络中无线侧与核心网侧架构均发生了较大的变化。3GPP 将 5G 核心网定义为一个可分解的网络体系结构,引入了以 HTTP/2 作为基准通信协议的基于服务的接口(SBI)以及控制面和用户面分离(CUPS)。5G 网络软件中功能分解、SBI 应用以及 CUPS 应用都支持基于云原生容器的实现。基于控制面和用户面独立的原则,更灵活的网络节点已成为 5G 网络架构中最核心的理念。

5G 系统总体架构如图 1-9 所示。图中,NG-RAN 代表 5G 接入网,5GC 代表 5G 核心网。

在 NG-RAN 中,节点只有 gNB 和 ng-eNB。gNB 负责向用户提供 5G 控制面和用

微课
5G 网络架构

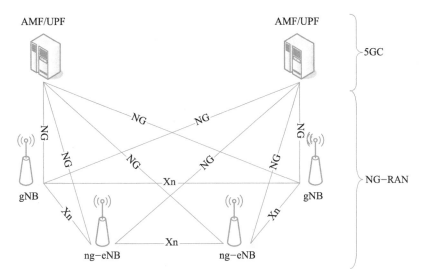

图 1-9　5G 系统总体架构

户面功能;根据组网选项的不同,还可能包含 ng-eNB,负责向用户提供 4G 控制面和用户面功能。5GC 采用控制面和用户面分离的架构,其中 AMF 是控制面的接入和移动性管理功能,UPF 是用户面的转发功能。NG-RAN 和 5GC 通过 NG 接口连接,gNB 和 ng-eNB 通过 Xn 接口连接。

虚拟化技术的成熟,为 5G 核心网提供了新的发展方向,基于 SBA(服务化架构)的 5G 核心网为 5G 整体性能提升提供了强有力的支撑,而基于 NFV(网络功能虚拟化)形式的 5GC 网络功能部署使得软硬件解耦成为可能。

5G 提供了丰富的业务场景,也提出了更高的性能目标,其通信速率、时延、可靠性、话务量、连接数、移动性、定位精度等关键指标与 LTE 网络相比均存在数倍的增益需求。作为移动通信网络的中枢节点,5G 核心网将是全接入和全业务的使能中心。在连接数激增、业务类型极端差异与业务模型高度随机的情况下,如何有效进行网络管理、如何快速提供切片业务、如何安全进行隐私保护将是 5G 核心网面临的主要挑战。

基于统一的物理基础设备,融合 IaaS(基础架构即服务)/PaaS(平台即服务)云计算模式,3GPP 提出了基于 SBA 的第五代移动通信系统核心网网络架构。SBA 结合移动核心网的网络特点和技术发展趋势,将网络功能划分为可重用的若干个“服务”,可独立扩容、独立演进、按需部署。“服务”之间使用轻量的 SBI 通信,其目标是实现 5G 系统的高效化、软件化、开放化。在此基础上,5G 核心网引入 IT 系统服务化/微服务化架构经验,实现了服务自动注册和发现、调用,极大降低了 NF(网络功能)之间接口定义的耦合度,并实现了整网功能的按需定制,灵活支持不同的业务场景和需求。

5GC 包含 AMF(接入和移动性管理功能)、SMF(会话管理功能)、AUSF(鉴权服务功能)、UDM(统一数据管理)、NRF(网络存储功能)、PCF(策略控制功能)、NSSF(网络切片选择功能)、UPF(用户面功能)、NEF(网络开放功能)等关键 NF,并实现了用户面(UP)功能与控制面(CP)功能独立,每个 NF 可独立扩缩容,所有 NF 均需在 NRF 进行注册,每个 NF 均可直接与其他 NF 交互。5GC 网络架构如图 1-10 所示。图中,AF 为应用功能,SCP 为服务通信代理,UE 为用户设备,(R)AN 为(无线)接入网络,DN 为数据网络。

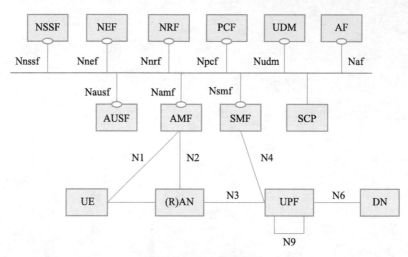

图 1-10　5GC 网络架构

EPC 架构与 5GC 架构对比如表 1-1 所示。

表 1-1　EPC 架构与 5GC 架构对比

对比项	EPC	5GC
灵活性/可扩展性	网元与设备对应, 网元功能固定, 扩容只可新增设备	统一接口模式, 功能模块化, 可即插即用
可编排性	多种业务公用调度编排, 无差异	服务化组件: 不同的业务场景支持灵活的网络编排
接口	现网存量协议 (SS7 diameter)	使用 SBI, 统一采用 HTTP/2 协议, 可灵活扩展
操作维护	配置复杂: 网元→对接→参数配置	通过 NRF 进行各 NF 自动部署/管理

微课
5G 基站架构

4. 5G 基站架构

4G 基站采用的是分布式基站系统, 基站由基带处理单元 (baseband unit, BBU)、射频拉远单元 (remote radio unit, RRU) 和天线三部分组成。

而 5G 时代将无线基站进行了重构。BBU 被拆分成 CU (centralized unit, 中央单元) 和 DU (distributed unit, 分布式单元), RRU 和天线合并在一起变成 AAU (active antenna unit, 有源天线单元)。4G/5G 无线网络架构的演进示意图如图 1-11 所示。

CU、DU 拆分后, CU 与核心网对接, DU 与 AAU 射频设备对接, 1 个 CU 可通过 F1 接口连接多个 DU, 1 个 DU 只能连接到 1 个 CU。gNB 之间的 Xn 接口、EN-DC 下 gNB 与 eNB 之间的 X2 接口均终止于 CU, 即 Xn 与 X2 均与 CU 相连接。NG-RAN 拓扑结构如图 1-12 所示。

CU 可进一步细分为控制面 CUCP 与用户面 CUUP, 1 个 CUCP 可通过 E1 接口连接多个 CUUP, 1 个 CUUP 只能连接到 1 个 CUCP。CUCP 可通过 F1-C 连接到 DU, CUUP 可通过 F1-U 连

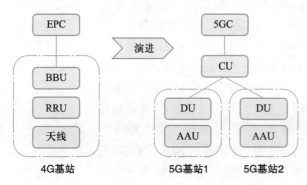

图 1-11　4G/5G 无线网络架构的演进示意图

接到 DU,1 个 DU 只能连接到 1 个 CUCP。CU 细分拓扑结构如图 1-13 所示。

接下来将从两个方面阐述 5G 基站重构的好处。

1）CU、DU 拆分的好处

CU 和 DU 的拆分是根据无线侧不同协议层实时性的要求进行的。在这样的原则下,把对实时性要求高的物理高层、MAC（媒体接入控制）层、RLC（无线链路控制）层放在 DU 中处理,而把对实时性要求不高的 PDCP（分组数据汇聚协议）层和 RRC（无线资源控制）层放到 CU 中处理。CU 和 DU 的拆分可以带来以下几大好处:

（1）有利于实现基带资源的共享。

由于各个基站的忙闲时候不一样,传统的做法是将每个基站都配置为最大容量,而这个最大容量在大多数时候是达不到的,因此会造成很大的资源浪费。

如果一片区域内的基站能够统一管理,把 DU 集中部署,并由 CU 统一调度,就能够省一半的基带资源。这种方式和之前提出的 C-RAN（集中化无线接入网）架构非常相似,而 C-RAN 架构由于对于光纤资源的要求过高而难以普及。在 5G 时代,虽然 DU 可能由于同样的原因难以集中部署,但 CU 的集中管理也能带来资源的共享,算是 5G 时代对于 C-RAN 架构的一种折中的实现方式。

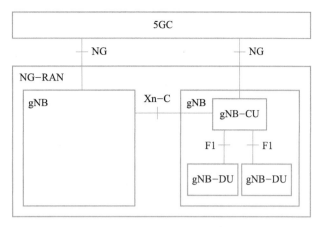

图 1-12　NG-RAN 拓扑结构

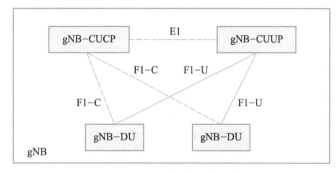

图 1-13　CU 细分拓扑结构

（2）有利于实现无线接入侧的切片和云化。

网络切片作为 5G 的一大亮点技术,能更好地适配不同业务对网络能力的不同要求。网络切片实现的基础是虚拟化,但是在现阶段,无线接入侧实现完全的虚拟化还有一定的困难。这是因为对于 5G 基站的实时处理部分,通用服务器的效率还太低,无法满足业务需求,必须采用专用硬件,而专用硬件又难以实现虚拟化。这样一来,只好把需要用专用硬件的部分剥离出来成为 AAU 和 DU,剩下非实时部分组成 CU,运行在通用服务器上,再经过虚拟化技术,就可以支持网络切片和云化了。

（3）有利于解决 5G 复杂组网情况下的站点协同问题。

5G 频段引入了毫米波,由于毫米波的频段高,覆盖范围小,站点数量将会非常多,会和低频站点形成一个高低频混合的复杂网络。要在这样的网络中获取更大的性能增益,就必须有一个强大的中心节点来进行话务聚合和干扰管理协同,CU 就可以作为这个中心节点。

CU 和 DU 在逻辑上分离,但在物理设备上可以合设,根据不同的业务需求可以把 CU 和 DU 放在不同的地方部署。比如要支持 URLLC,就必须把 CU 和 DU 合设,从而降低处理时延。如果要支持 mMTC，可以将 CU 和 DU 分离，CU 集中云化部署，从而达到节约成本的目的。

2）基带部分功能下沉到 AAU 的好处

4G 时代，BBU 和 RRU 之间传送数据采用的是 CPRI（common public radio interface，通用公共无线接口）协议，传送时不但包含了承载的信息，还含有物理层信息，数据量巨大。

到了 5G 时代，为了支撑 eMBB 业务，RRU 演变成了集成超大规模天线阵列的 Massive MIMO AAU；载波带宽大幅扩展，sub-6G 载波需要支持 100 MHz 带宽，而毫米波需要支持 400 MHz 的载波带宽。不同带宽和天线配置情况下 5G 对 CPRI 的速率要求如表 1-2 所示。可见，基站所承载的数据流量达到了 100 Gbit/s 的级别。这样一来，5G 对 CPRI 的带宽提出了更高的要求，随之而来的是高速光模块带来的成本飙升。

表 1-2   5G 对 CPRI 的速率要求

5G 载波带宽和天线配置	对 CPRI 的速率要求/（Gbit/s）
100 MHz 带宽，单天线	2.7
100 MHz 带宽，8 天线	21.6
100 MHz 带宽，16 天线	43.2
100 MHz 带宽，32 天线	86.4
100 MHz 带宽，64 天线	172.8

在这样的背景下，CPRI 协议的升级版——能大幅降低前传带宽的 eCPRI 标准就呼之欲出了。

eCPRI 的设计思路很简单：既然通信协议栈上传输的数据会层层加码，越到物理层数据量越大，那就把在 BBU 上处理的物理层数据分为两层，即 high PHY 和 low PHY。high PHY 仍然保留在 BBU 上处理，low PHY 则下沉到 AAU 上处理，这样 BBU 和 AAU 之间需要传输的数据量就少多了。eCPRI 使得 5G 前传的压力一下子小了很多，延续 4G 时代 C-RAN 的梦想成为可能，无线网的云化指日可待。

5. 5G 组网拓扑

微课
5G 组网拓扑

1）Option 3x 网络拓扑规划

非独立组网的网络部署现网都选用 Option 3x 网络结构进行部署。

Option 3x 架构中所有的控制面信令都经由 4G 基站 eNB 转发，用户面经由 5G 基站 gNB 连接到 EPC，gNB 可将数据分流至 eNB。5G 对基站实现了重构，因此 gNB 包括 CU 和 DU 两部分，CU 和 DU 可以合设，也可以分设。Option 3x 网络结构如图 1-14 所示。

2）Option 2 网络拓扑规划

独立组网的网络部署现网都选用 Option 2 网络结构进行部署。

Option 2 架构由 5G 核心网 5GC 加 5G 基站 gNB 组成。5GC 主要由 AMF、SMF、UPF、NRF、AUSF、UDM、NSSF 以及 PCF 组成。5GC 通过控制面的 AMF 和用户面的 UPF 连接到 gNB。gNB 逻辑分为 CU 和 DU 两部分。Option 2 网络结构如图 1-15 所示。

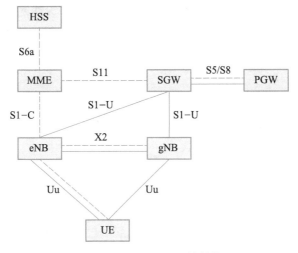

图 1-14　Option 3x 网络结构

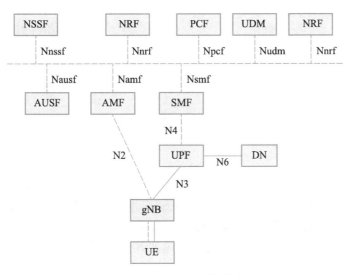

图 1-15　Option 2 网络结构

任务实施

1. 任务分析

本任务需要完成独立组网和非独立组网两种模式的网络拓扑规划。在我国现网中,独立组网都采用 Option 2 模式,非独立组网都采用 Option 3x 模式,因此本任务也采用这两种模式进行拓扑规划。

本书使用"IUV-5G 全网部署与优化"仿真软件(以下简称"5G 全网软件")来实现各相关任务。该软件中设定了三个城市,分别是兴城市、四水市、建安市,如图 1-16 所示。其中四水市规模较小,没有核心网,因此这里选择建安市和兴城市,分别进行两种组网模式的网络拓扑规划。

演示视频
拓扑规划演示

移动通信网络的通用架构一般分为核心网、承载网和无线网,因此在软件中规划每个城市时,可将任务分为核心网机房、承载网机房和站点机房的拓扑规划三部分,如图 1-17 所示。

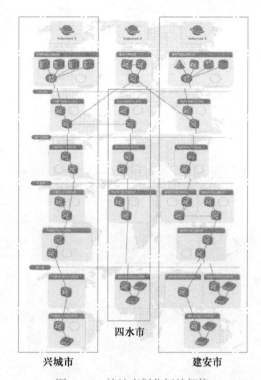

图 1-16   按地市划分拓扑架构

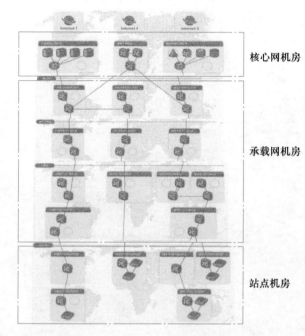

图 1-17   按机房位置划分拓扑架构

Option 3x 核心网 EPC 包括 MME、HSS、SGW 和 PGW 四种网元,在真实的网络机房中,网元设备之间并不直连,而是通过 SW(交换机)相连。

Option 2 核心网 5GC 由多个 NF 组成,这些 NF 体现在物理设备上,采用一台通用服务器就可以实现。

4G 基站在机房中是 BBU 设备;5G 基站在机房中是 ITBBU 设备,逻辑上分为了 CU 和 DU,为了简化,可以选择 CU/DU 合设设备。

2. 实施步骤

为了全书任务的连续性,本书统一将建安市规划为独立组网 Option 2 模式,将兴城市规划为非独立组网 Option 3x 模式。为了完成本任务,需要进行 Option 2 核心网与无线网拓扑规划、Option 3x 核心网与无线网拓扑规划、承载网拓扑规划三大步骤。

1)Option 2 核心网与无线网拓扑规划

登录 5G 全网软件的客户端,选择左上方的"拓扑规划"模块,进入建安市核心网机房,选择合适设备进行放置。

步骤 1:配置核心网机房服务器。

在拓扑规划界面左侧的设备池中找到 SERVER(服务器),按住鼠标左键不放将其拖放到对应位置上即有高亮色提醒,松开鼠标左键完成设备部署,如图 1-18 所示。

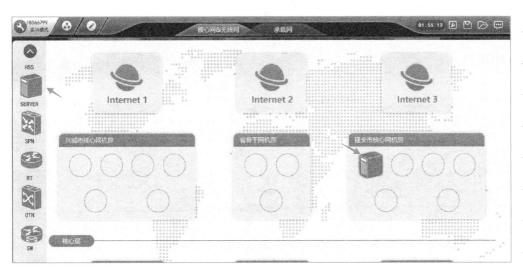

图 1-18　配置核心网机房服务器

步骤 2:配置 SW 并将 SERVER 同 SW 连线。

将 SW 拖入建安市核心网机房,并将 SERVER 和 SW 连接起来,单击 SERVER 会生成连接线缆,移动至 SW 上,单击 SW 完成连接。至此,核心网机房拓扑规划配置完成,如图 1-19 所示。

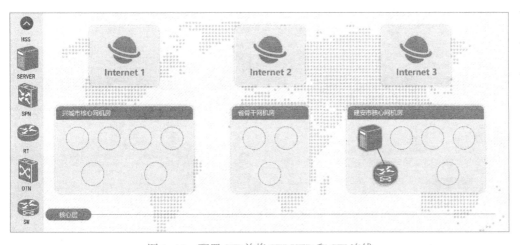

图 1-19　配置 SW 并将 SERVER 和 SW 连线

步骤 3:配置无线机房 Option 2 拓扑规划。

在左侧设备池中找到 SPN(切片分组网)和 CUDU,依次将 SPN 和 CUDU 拖入建安市 3 区 B 站点机房,最后将 SPN 和 CUDU 进行连线。至此,无线机房 Option 2 拓扑规划配置完成,如图 1-20 所示。

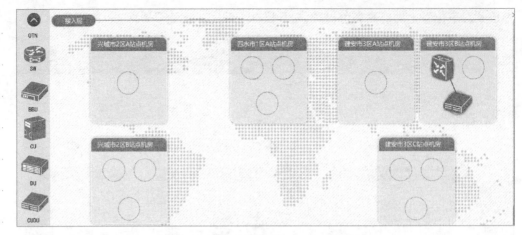

图 1-20　配置无线机房 Option 2 拓扑规划

2）Option 3x 核心网与无线网拓扑规划

步骤 1：配置核心网机房 Option 3x 拓扑规划。

选择兴城市核心网机房进行 Option 3x 拓扑规划。首先依次将 MME、SGW、PGW、HSS 拖入兴城市核心网机房，其次将 SW 也拖入兴城市核心网机房，然后依次将 MME、SGW、PGW、HSS 和 SW 进行连线。至此，核心网机房 Option 3x 拓扑规划配置完成，如图 1-21 所示。

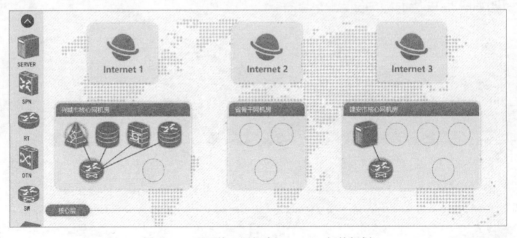

图 1-21　配置核心网机房 Option 3x 拓扑规划

步骤 2：配置无线机房 Option 3x 拓扑规划。

首先将 SPN 拖入兴城市 2 区 B 站点机房，其次分别将 BBU 和 CUDU 也拖入兴城市 2 区 B 站点机房，然后将 SPN 和 BBU、CUDU 进行连线。至此，无线机房 Option 3x 拓扑规划配置完成，如图 1-22 所示。

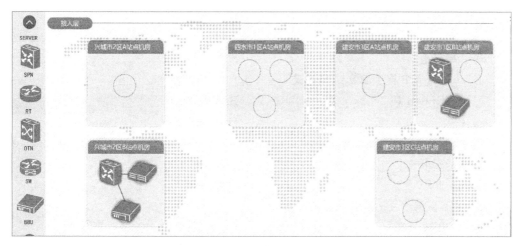

图 1-22　配置无线机房 Option 3x 拓扑规划

3）承载网拓扑规划

首先选择兴城市承载中心机房，其次从设备池中拖入 SPN 和 OTN（光传送网），然后将 SPN 和 OTN 进行连线。至此，承载中心机房 Option 3x 拓扑规划配置完成，如图 1-23 所示。兴城市承载网的其他机房配置均和兴城市承载中心机房保持一致，都包含 SPN 和 OTN。

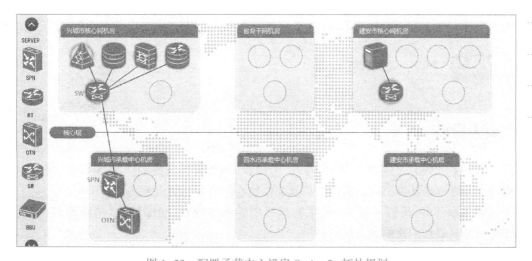

图 1-23　配置承载中心机房 Option 3x 拓扑规划

建安市承载网拓扑规划可与兴城市一样。

任务拓展

思考一下，Option 2 和 Option 3x 在无线侧的拓扑规划有哪些不同？

任务测验

一、单选题

1. 以下选项中属于独立组网的是（　　　）。
   A. Option 1　　　　　　　　　　　　B. Option 3
   C. Option 4　　　　　　　　　　　　D. Option 7

2. 以下属于 EPC 网元的是（　　　）。
   A. AMF　　　　　　　　　　　　　　B. UPF
   C. SGW　　　　　　　　　　　　　　D. UDM

3. 以下不属于 4G 基站设备的是（　　　）。
   A. BBU　　　　　　B. RRU　　　　　　C. 天线　　　　　　D. ITBBU

4. CU 和 DU 的拆分可以带来的好处不包括（　　　）。
   A. 有利于实现基带资源的共享
   B. 有利于实现无线接入侧的切片和云化
   C. 有利于解决 5G 复杂组网情况下的站点协同问题
   D. 有利于集中调度和集中管理

二、简答题

独立组网和非独立组网的区别是什么?

任务 1.2　规划 5G 网络容量

任务描述

　　本任务的内容是规划 5G 网络容量,包括 5G 网络部署与覆盖性能、5G 网络规划流程、5G 无线覆盖预算、5G 无线容量估算、5G 核心网容量计算几部分。

　　通过本任务,可以了解 5G 网络容量规划的基本内容,加深对 5G 链路预算、容量计算与容量规划的理解。

任务准备

　　为了完成本任务,需要做以下知识准备:
（1）了解 5G 网络部署与覆盖性能。
（2）了解 5G 网络规划流程。
（3）了解 5G 无线覆盖预算。
（4）了解 5G 无线容量估算。
（5）了解 5G 核心网容量计算。

1. 5G 网络部署与覆盖性能

5G 多种组网选项为不同阶段、不同地区提供了多种 5G 建设方案。我国的 5G 建设根据建设周期可分为两个阶段,分别为:

① 2017—2020 年:Option 3x 组网,NSA 5G 网络。

② 2020 年至今:Option 2 组网,SA 5G 网络。

Option 3x 非独立组网下,5G 站点需依赖 4G 锚点,当无法连接到 4G 网络时,用户将无法使用 5G 网络,若 4G 覆盖能力不足或锚点切换不及时,可造成 UE 无法连接到 5G 网络,因此在 5G 网络规划时需并行考虑现有 4G 的站点布局或站点规划,同时保障 4G 网络与 5G 网络的连续覆盖,其网络规划的难度与细节相对独立组网更加复杂。Option 2 独立组网下,5G 网络与 4G 无关联,终端支持 5G 且有 5G 信号前提下即可成功接入 5G 网络,在 5G 网络规划时仅需考虑 5G 的站点位置与覆盖距离即可。

当大规模 SA 网络建设完成后,运营商可将现有 2G/3G/4G 站点迁移至 5G 核心网,也可保留 2G/3G/4G 核心网,实现不同制式网络独立运行。

2. 5G 网络规划流程

5G 网络规划可分为三个阶段,依次为网络规模估算、网络覆盖仿真、网络参数规划。第一阶段网络规模估算包括覆盖预算和容量估算,其目标是输出覆盖半径、单站容量、所需站点数、基站配置等初步网络配置信息。网络规模估算阶段是 5G 网络规划的重要环节,对后续两个阶段影响极大。在进行网络规模估算时,需要事先确定好区域内场景,在合适场景内进行基站建设。场景主要包括一般城区、密集城区、CBD(中央商务区)、景区、郊区、高速公路、高速铁路、室内等,不同场景的规划建议如表 1-3 所示。

微课
5G 容量规划

表 1-3　不同场景的规划建议

场景	推荐情况	说明
一般城区(含高校、工业区等)	推荐	适应性广泛,综合瓶颈较小
密集城区、CBD	可选	重要性高,建设、测试、优化难度大
景区	不主动推荐	建设、调测条件可能受限
郊区	不主动推荐	价值低,建设、调测条件可能受限
高速公路、高速铁路	避免	建设、测试、优化难度大,成本高
室内	避免	价值高,但对应产品推出较晚

具体项目实施过程中,场景选择并不绝对,部分存在困难的场景,如果重要性特别高,也可以沟通各方意见来推进实施。

场景确定后,须对场景内进行覆盖预算,覆盖预算的流程如图 1-24 所示。

覆盖预算的主要目标有三个,分别为:① 根据边缘速率要求估算覆盖半径;② 根据现网站间距估算 5G 的边缘用户体验速率;③ 估算给定区域内所需的站点规模。

估算覆盖半径需要用到传播模型和链路预算公式,估算体验速率时可通过用户峰值速率与平均速率得到站点吞吐量。完成覆盖和容量对应的站点估算后,需综合考虑场景内站点规模,在实现连续覆盖的基础上得到初步站点数和站址位置。

第二阶段网络覆盖仿真可以结合电子地图输出多站组网的覆盖效果〔RSRP(参考

图 1-24 覆盖预算的流程

信号接收功率)、SINR(信号与干扰加噪声比)、Tx power(发射功率)]和小区容量(平均吞吐量、边缘吞吐量)。网络覆盖仿真是基站建设前的重要环节,利用仿真工具,可模拟出基础站址规划的网络覆盖效果,以此来验证站点设计的合理性,为站点布置位置及 RF 参数优化提供参考。常用的仿真操作平台有 Atoll、AIRCOM、Planet、CXP、Cloud U-Net。网络覆盖仿真软件的通用操作流程如图 1-25 所示。

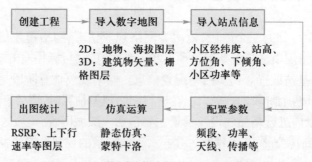

图 1-25 网络覆盖仿真软件的通用操作流程

第三阶段网络参数规划是在站址确定后基站开通的关键环节,包含站点基础工程参数(经纬度、天线高度、方位角、下倾角、波束)与小区开通参数[小区编号、PCI(物理小区标识)、PRACH(物理随机接入信道)、邻区等]的规划,均可在 5G 全网软件中进行实训,理解不同参数对网络规划覆盖的影响。具体规划内容见后续任务。

本项目主要学习网络规划的第一阶段,即网络规模估算,包括覆盖预算和容量估算两方面。由于网络规模估算涉及空中接口理论较深,因此在本书中对计算公式做了部分简化。

3. 5G 无线覆盖预算

链路预算是通信系统用来评估网络覆盖的主要手段,是指通过对系统上下行信号传播途径中各种影响因素的考察,以及对系统覆盖能力的评估,获得保持一定通信质量下链路所允许的最大传播损耗(即最大允许路损 MAPL),再根据相应的传播模型计算出单小区的覆盖半径。

链路预算又分为下行链路预算和上行链路预算,实际中,由于手机功率是定值,上行受限情况较多,因此优先考虑上行链路预算,再计算下行链路预算。下面都以业务信道链路预算为例。链路预算模型如图 1-26 所示。

链路预算的典型计算方法如式(1-1)所示:

$$MAPL=有效发射功率+接收增益-接收机灵敏度-余量-损耗 \qquad (1-1)$$

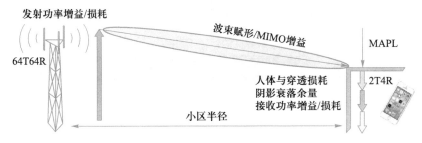

图 1-26　链路预算模型

传播模型体现了传播损耗与距离的关系, MAPL 对应的就是信号在最远传播距离时系统能接受的最大路径损耗。

1) 上行链路预算

结合 5G 网络无线信号传播的具体路径, 5G 网络中宏站场景下的上行链路预算公式为

$$MAPL=终端发射功率+终端天线增益+基站天线增益+对接增益-$$
$$基站灵敏度-上行干扰余量-线缆损耗-人体损耗-$$
$$穿透损耗-阴影衰落余量 \qquad\qquad (1-2)$$

例如, 某运营商要对市内的密集城区进行无线网络规划, 需根据一系列已知条件进行上行链路预算, 这里以上行 PUSCH(物理上行共享信道)来进行链路预算。该运营商计划采用 3.5 GHz AAU 设备, 同时要求信号覆盖边缘位置的上行速率不小于 1 Mbit/s, 已知终端收发模式为 2T4R, 基站收发模式为 64T64R, 设备厂家给出的上行链路预算参数配置如表 1-4 所示。

表 1-4　上行链路预算参数配置

参数	英文名称	PUSCH-NR 3.5 GHz
终端发射功率	UE Tx power	26 dBm
终端天线增益	UE antenna gain	0 dBi
基站天线增益	gNB antenna gain	11 dBi
对接增益	hand off gain	4.52 dB
基站灵敏度	gNB sensitivity	−125.08 dBm
上行干扰余量	UL interference margin	2 dB
线缆损耗	cable loss	0 dB
人体损耗	body loss	0 dB
穿透损耗	penetration loss	26 dB
阴影衰落余量	shadow fading margin	11.6 dB

根据上行链路预算公式(1-2)和表 1-4 中参数取值, 可得

$$MAPL=[26+0+11+4.52-(-125.08)-2-0-0-26-11.6]\,dB=127\,dB$$

即 NR 3.5 GHz 上行 PUSCH 的最大允许路损为 127 dB。

同时已知该密集城区的道路信息如表 1-5 所示。

表 1-5   该密集城区的道路信息

参数	含义	尺寸
W	街道宽度	20 m
h	平均建筑高度	20 m
h_{BS}	基站高度	25 m
h_{UT}	终端高度	1.5 m

由上文可知,此次规划场景是密集城区,最符合的是 UMa 模型 NLOS(非视距)场景,已知相应公式为

$$PL_{3D-UMa-NLOS}=161.04-7.1 \times \log_{10} W+7.5 \times \log_{10} h-\left[24.37-3.7 \times (h/h_{BS})^2\right] \times$$
$$\log_{10} h_{BS}+(43.42-3.1 \times \log_{10} h_{BS}) \times (\log_{10} d_{3D}-3)+20 \times \log_{10} f_{c}-$$
$$\left[3.2 \times (\log_{10} 17.625)^2-4.97\right]-0.6 \times (h_{UT}-1.5) \qquad (1-3)$$

式中,f_c 为信号频率,对于本基站,f_c=3.5 GHz。

代入表 1-5 中的数据和上面计算得到的 MAPL 值,可得到

$$127=161.04-7.1 \times \log_{10} 20+7.5 \times \log_{10} 20-\left[24.37-3.7 \times (20/25)^2\right] \times$$
$$\log_{10} 25+(43.42-3.1 \times \log_{10} 25) \times (\log_{10} d_{3D}-3)+20 \times \log_{10} 3.5-$$
$$\left[3.2 \times (\log_{10} 17.625)^2-4.97\right]-0.6 \times (1.5-1.5)$$

由此得到终端与基站直线距离 d_{3D}=416.87 m。为了计算基站的覆盖面积,需要得到基站的覆盖半径,即图 1-27 中的 d_{2D}。

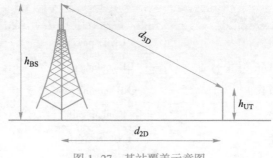

图 1-27   基站覆盖示意图

根据图 1-27,可得 d_{2D} 与 d_{3D} 的转换关系为

$$d_{2D}=\sqrt{d_{3D}^2-(h_{BS}-h_{UT})^2} \qquad (1-4)$$

可以得到 d_{2D}=416.21 m。因此,为满足运营商的要求,小区上行 PUSCH 的覆盖半径为 416.21 m。

2)下行链路预算

根据无线环境的上下行互易性,参考上行链路预算的传播路径,可得 5G 网络中宏站场景下的下行链路预算公式为

$$MAPL=基站发射功率+基站天线增益+终端天线增益+对接增益-$$
$$终端灵敏度-下行干扰余量-线缆损耗-人体损耗-$$
$$穿透损耗-阴影衰落余量 \qquad (1-5)$$

表 1-6 给出了 NR 3.5GHz 下行 PDSCH(物理下行共享信道)边缘速率满足 50 Mbit/s 时的链路预算参数配置,该组取值下终端收发模式为 2T4R,基站收发模式为 64T64R。

表 1-6　下行链路预算参数配置

参数	英文名称	PDSCH-NR 3.5 GHz
基站发射功率	gNB Tx power	53 dBm
基站天线增益	gNB antenna gain	11 dBi
终端天线增益	UE antenna gain	0 dBi
对接增益	hand off gain	4.52 dB
终端灵敏度	UE sensitivity	−104.25 dBm
下行干扰余量	DL interference margin	7 dB
线缆损耗	cable loss	0 dB
人体损耗	body loss	0 dB
穿透损耗	penetration loss	26 dB
阴影衰落余量	shadow fading margin	11.6 dB

根据表 1-6 中参数取值,可以计算出 NR 3.5GHz 下行 PDSCH 的最大允许路损为

$$MAPL=[53+11+0+4.52-(-104.25)-7-0-0-26-11.6]dB=128.17 dB$$

由于上下行的街道信息一致,因此与上行一样也采用 UMa 模型 NLOS 场景,代入表 1-5 中的场景数据,根据式(1-3)可得

$$128.17=161.04-7.1 \times \log_{10} 20+7.5 \times \log_{10} 20-[24.37-3.7 \times (20/25)^2] \times$$
$$\log_{10} 25+(43.42-3.1 \times \log_{10} 25) \times (\log_{10} d_{3D}-3)+20 \times \log_{10} 3.5-$$
$$[3.2 \times (\log_{10} 17.625)^2-4.97]-0.6 \times (1.5-1.5)$$

由此得到终端与基站直线距离 $d_{3D}=446.68$ m,根据式(1-4)可得 $d_{2D}=446.06$ m。

通过上下行链路预算可以发现,在 NR 3.5 GHz 下,运用 UMa NLOS 模型计算得到的上下行信道对应的小区覆盖半径差距约为 30 m,差距较小,说明在宏站场景下,UMa 模型的准确度符合 5G 网络的上下行信道要求,可作为后续规划参考。这里的链路预算实例为 3.5 GHz 下的估算结果,5G 高频毫米波也可以通过上面的上下行链路预算流程进行小区覆盖半径的估算。

通过上述无线链路预算,可以得到基站的覆盖半径,上行为 416.21 m,下行为 446.06 m,但是基站的覆盖面积还与站型有关。单站覆盖面积计算公式为

$$单站覆盖面积(km^2)=1.95 \times 覆盖半径(m)^2/3 \times 单站小区数 \times 10^{-6} \qquad (1-6)$$

由此可得到该区域的覆盖规划站点数,计算公式为

$$覆盖规划站点数(个)=本区域面积(km^2)/单站覆盖面积(km^2) \qquad (1-7)$$

注意,计算出的站点数要向上取整。

已知本区域面积为 2 000 km²,站型均为三小区基站,则通过式(1-6)和式(1-7),可得上行链路预算得到的站点数为 5 883 个,下行链路预算得到的站点数为 5 129 个。综合上下行取较大值,可得覆盖规划站点数为 5 883 个。

4. 5G 无线容量估算

对于无线网络而言,覆盖仅为初期规划目标,通过连片站点覆盖即可满足区域内覆盖要求。随着区域内用户的不断增长,容量受限的情况越来越严重,已成为制约网络健康度的重要因素之一。因而在网络规模估算阶段,完成覆盖预算后,合理地进行容量估算已成为 5G 网络规划的重要内容之一。

容量估算也分为上下行,下面以上行为例进行讲解,下行计算同理。

1)上行峰值速率

高速率是 5G 网络的重要特征之一,也是衡量无线网络优劣性的关键要素。5G 峰值速率的计算方式与 LTE 类似,与资源分配、收发模式、调制方式、载波数等参数相关。

首先要知道 5G 的多址技术为 F-OFDMA,是滤波的 OFDMA(正交频分多址)技术。OFDMA 的结构是在频域上划分出许多子载波,在时域上划分出时隙,时隙由符号组成,如图 1-28 所示。

一个基站的带宽内包含了多个 RB(资源块),每一个 RB 又包含了多个 RE(资源粒子)。5G 协议规定,1 个 RB 由 12 个子载波 × 1 个时隙组成,1 个 RE 则由 1 个子载波 × 1 个符号组成,如图 1-29 所示。

计算峰值速率即计算基站带宽内单位时间内传送的业务比特数,而这些比特是映射成符号放在 RE 中的。计算过程具体可分为以下几步:

(1)计算单时隙长度。

5G 帧结构中 1 个常规时隙由 14 个符号组成,而时隙长度与帧结构参数 μ 有关,其计算公式为

$$单时隙长度(ms)=1(ms)/2^{\mu} \tag{1-8}$$

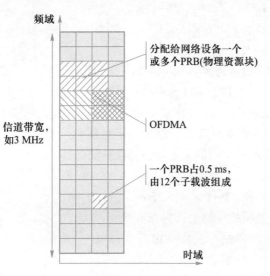

图 1-28　OFDMA 技术

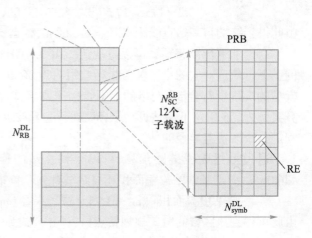

图 1-29　RB 与 RE

微课
5G 新空口

微课
5G 帧结构

例如,帧结构参数 $\mu=1$,则对应子载波为 30 kHz,根据式(1-8)可得,单时隙长度为 0.5 ms。

(2)计算带宽内单时隙内符号数。

根据 OFDMA 的结构,带宽内单时隙内符号数的计算公式为

$$带宽内单时隙内符号数=带宽内 RB 数 \times 12 个子载波 \times 14 个符号 \qquad (1-9)$$

式中,带宽内 RB 数由协议规定,5G 中 sub-6G 频段内的 RB 数与系统带宽的对应关系如表 1-7 所示。

表 1-7　RB 数与系统带宽的对应关系

SCS(子载波间隔)/kHz	系统带宽 /MHz											
	5	10	15	20	25	30	40	50	60	80	90	100
15	25	52	79	106	133	160	216	270	—	—	—	—
30	11	24	38	51	65	78	106	133	162	217	245	273
60	—	11	18	24	31	38	51	65	79	107	121	135

例如,采用最大的系统带宽 100 MHz,SCS 为 30 kHz,则根据表 1-7,对应的 RB 数为 273。根据式(1-9)可得,100 MHz 带宽内单时隙内符号数为 45 864 个。

(3)计算带宽内单时隙内比特数。

符号是由比特映射而来的,映射关系与调制方式有关。5G 采用 QAM(正交振幅调制),带宽内单时隙内比特数的计算公式为

$$带宽内单时隙内比特数=带宽内单时隙内符号数 \times 调制阶数 \qquad (1-10)$$

不同 QAM 调制方式与调制阶数的关系如表 1-8 所示。

表 1-8　不同 QAM 调制方式与调制阶数的关系

调制方式	调制阶数
QPSK	2
16QAM	4
64QAM	6
256QAM	8

例如,采用 64QAM,调制阶数为 6,意味着将 6 个比特映射成 1 个符号,所以带宽内单时隙内比特数为 275 184 个。

(4)计算带宽内单时隙内有效业务比特数。

由于上一步计算的比特不全是业务比特,可能有信令开销等其他数据,因此还存在一系列影响参数,如缩放因子、R_{max}(对应最高频谱效率时的最大码率)、开销比例等,最后这些数据会由天线发射出去,MIMO 天线的流数可以增加发射的比特数。综合考虑后,带宽内单时隙内有效业务比特数计算公式为

$$带宽内单时隙内有效业务比特数=带宽内单时隙内比特数 \times$$
$$缩放因子 \times R_{max} \times (1-开销比例) \times$$
$$天线流数 \tag{1-11}$$

例如，缩放因子为 0.75，R_{max} 为 948/1 024，开销比例为 0.08，天线流数为 2，则可得带宽内单时隙内有效业务比特数为 351 569 个。

（5）计算峰值速率。

计算峰值速率即为计算带宽内单时隙内传送的有效业务比特数，因为计算时间为 1 个时隙，因此计算公式为

$$峰值速率（Mbit/s）=带宽内单时隙内有效业务比特数/$$
$$单时隙长度（ms）\times 10^{-3} \tag{1-12}$$

结合上述数据，可得峰值速率为 703.14 Mbit/s。

2）上行实际平均速率

在计算上行峰值速率时，将所有时隙内的符号数都进行了计算，但在实际中，这些时隙是分为上行时隙和下行时隙的，因此要计算上行实际平均速率，需要考虑时隙结构中上下行符号的占比。

上下行符号占比要根据 5G 帧结构和 S 时隙格式结构来进行计算。5G 协议里包含了多种上下行周期模式，如表 1-9 所示，系统可支持其中一种或者多种模式。

表 1-9　5G 支持的周期模式

周期 /ms	参考 μ 值（子载波 kHz）	适用 μ 值	周期内的时隙数				
			0	1	2	3	4
0.5	无描述			1	2	4	8
0.625	3（120）	3,4				5	10
1.25	2（60），3（120）	2,3,4			5	10	20
2.5	1（30），2（60），3（120）	1,2,3,4		5	10	20	40
5.0	无描述		5	10	20	40	80
10.0	无描述		10	20	40	80	160

例如，采用 $\mu=1$，即子载波为 30 kHz，可选用 5 ms 的单周期配置，则 5 ms 内含 10 个时隙，典型配置如图 1-30 所示，即包含 7 个下行时隙（D 时隙）、2 个上行时隙（U 时隙）和 1 个特殊时隙（S 时隙）。正常每个时隙内含有 14 个符号，一个周期内共有 140 个符号。

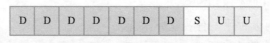

图 1-30　5 ms 单周期典型配置

其中 S 时隙用在 D 时隙向 U 时隙转换的中间，它的 14 个符号中又包含了下行符号、转换符号和上行符号，如图 1-31 所示。图中所示的配比为 10∶2∶2。

图 1-31　S 时隙典型配置

时隙中上行符号占比公式为

$$重复周期内上行符号占比=(S 时隙中上行符号数+周期内上行$$
$$时隙中符号数)/总符号数 \qquad (1\text{-}13)$$

以上述周期配置为例,则重复周期内上行符号占比=(2+2×14)/140=0.21。

除了考虑上下行符号的占比以外,还需要考虑控制信道和信号的开销,因此在计算实际平均速率时,还需要乘以编码效率和该方向的转化因子。因此上行实际平均速率的计算公式为

$$上行实际平均速率=上行理论峰值速率×重复周期内上行符号占比×$$
$$编码效率×上行速率转化因子 \qquad (1\text{-}14)$$

例如,编码效率为 0.8,上行速率转化因子为 0.8,则上行实际平均速率为 94.50 Mbit/s。由于时隙周期内下行符号占比通常比上行符号占比大,因此下行实际平均速率会比上行实际平均速率大很多。

3)上行单站吞吐量

上述计算的是单小区、单用户的速率,而一个基站能支持多个小区及多个用户。单站吞吐量的计算公式为

$$单站吞吐量(Gbit/s)=单小区 RRC 最大用户数×在线用户比例×$$
$$上行速率(Mbit/s)×单站小区数/1\ 024 \qquad (1\text{-}15)$$

根据上行速率是峰值速率还是平均速率,可以对应计算出单站的峰值吞吐量和平均吞吐量。

式(1-15)中 RRC(radio resource control,无线资源控制)协议的主要功能包括连接建立和释放、系统信息广播、无线电承载建立、重配置和释放、RRC 连接移动性过程、寻呼通知和释放,以及外环功率控制。可简单认为,5G 用户开机后,即在 RRC 的不同状态中转换。一个小区能同时支持的 RRC 连接数是有限的。

在线用户是指建立了 5G RRC 连接状态的用户,连接状态代表终端和基站、基站和核心网之间都为目标终端建立了连接,可以随时进行数据传输。

例如,单小区 RRC 最大用户数为 1 200 个,在线用户比例为 0.1,此基站为三小区站型,则本站的峰值吞吐量为 247.20 Gbit/s,平均吞吐量为 33.22 Gbit/s。

4)上行容量规划站点数

上行容量规划站点数需要结合该区域用户的业务模型来进行计算,计算公式为

$$上行容量规划站点数=本区域总人数×单用户忙时流量/$$
$$单站平均吞吐量 \qquad (1\text{-}16)$$

本书中采用另一种简化的公式计算,不再考虑不同业务模型,计算公式为

$$上行容量规划站点数=本区域 5G 用户数/单小区 RRC 最大连接数/$$
$$单站小区数 \qquad (1\text{-}17)$$

假定本区域有 1 200 万 5G 用户,则本区域需要的上行容量规划站点数为 3 334 个,

同理可计算出下行容量规划站点数,综合二者取较大值为容量规划站点数。如果考虑热点区域需要扩容,则最终容量规划站点数计算公式为

最终容量规划站点数=max(上行容量规划站点数,下行容量规划站点数)×

热点区域扩容比例　　　　　　　　　　(1-18)

比较覆盖预算和容量估算两方面得到的站点数,取较大者,即为最终的无线网络规划 5G 站点数。

5. 5G 核心网容量计算

核心网容量计算是对核心网中各个网元容量及系统容量的估算,EPC 核心网和 5GC 核心网的容量计算方式不同。核心网设备选型和数量需要参照核心网容量计算的结果。

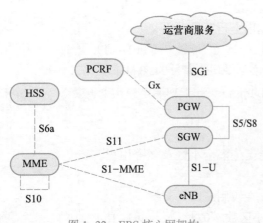

图 1-32　EPC 核心网架构

1）EPC 核心网计算

EPC 系统中包括 MME、SGW、PGW 和 HSS 多个网元,如图 1-32 所示。各个网元的功能不同,因此影响各个网元容量的因素以及系统容量的估算方法也各不相同。MME 是纯控制面网元,因此 MME 系统吞吐量只是信令的流量。SGW 和 PGW 主要是用户面网元,则主要考虑用户面流量。HSS 由于信令流量很少,因此不专门进行计算,可参照 MME 进行设备选型。

（1）MME 容量计算。

MME 处理的吞吐量即为各接口信令流量之和,MME 信令接口包括 S1-MME 接口、S11 接口及 S6a 接口。

各接口信令流量包括各种流程的信令消息的总流量,例如,经过 S1-MME 接口的信令消息包括附着、去附着、激活承载上下文、去激活承载上下文、修改承载上下文等,在现网对各接口的控制面吞吐量要参照该网元的话务模型进行精密计算。本书中进行了简化,仅考虑部分重要的接口流量。

计算步骤如下:

① 计算在线用户的数量(SAU 数)。在线用户(SAU 用户)即附着用户。5G 总用户包含 SAU 用户与分离用户。SAU 数的计算公式为

SAU 数(万人)=本市 5G 用户数(万人)×在线用户比例　　　(1-19)

② 计算 MME 各接口信令流量,包括 S1-MME 接口、S11 接口及 S6a 接口。计算公式为

各接口信令流量(Gbit/s)=该接口每用户忙时平均信令流量(Gbit/s)×

SAU 数(人)　　　　　　　　　　(1-20)

注意,这里要做单位换算,将上一步计算的 SAU 数(万人)转换为 SAU 数(人);在做流量的单位换算时,每变化一个单位(K、M、G),需要乘以 1 024。

③ 计算 MME 系统总信令流量。MME 系统总信令流量(Gbit/s)为各接口信令流量之和,即为 MME 系统信令吞吐量。

（2）SGW 容量计算。

SGW 设备容量主要由 SGW 支持的 EPS 承载上下文数、系统处理能力以及系统吞

吐量决定。

① EPS 承载上下文数。EPS 承载上下文数即系统接入用户的总激活的承载数量,是影响 SGW 处理能力的指标之一。5G 用户是"永久在线",也就是 5G 接入用户附着网络后,根据业务需求以及签约信息会建立至少一条默认承载或多条专有承载。

EPS 承载上下文数的计算公式为

$$EPS 承载上下文数 = SAU 数 / 附着激活比 \tag{1-21}$$

② 系统处理能力。

系统处理能力与单用户忙时业务平均吞吐量和 SAU 数有关,计算公式为

$$系统处理能力 = 单用户忙时业务平均吞吐量(Gbit/s) \times$$
$$SAU 数(人) \tag{1-22}$$

③ 系统吞吐量。

SGW 系统吞吐量即 SGW 系统处理的所有流量,包括 S1-U 和 S5/S8 接口上下行业务流量之和,如图 1-33 所示。

图 1-33　SGW 的接口流量

计算接口流量时,需要考虑接口的协议封装开销。5G 用户面各网元协议如图 1-34 所示。

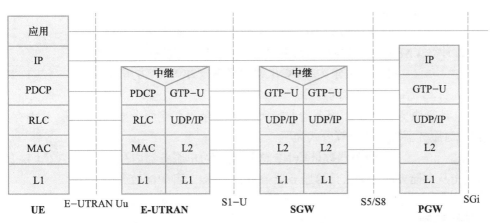

图 1-34　5G 用户面各网元协议

单接口流量的计算公式为

$$单接口流量 = 系统处理能力 \times (报文长度 + 协议包头) / 报文长度 \tag{1-23}$$

考虑 S1-U 接口和 S5/S8 接口均采用 GTP(GPRS 隧道协议)封装,协议开销为 62 字节,以典型包大小为 500 字节为例,可以认为 S1-U 上行接口流量等同于 S5/S8 上行接口流量。同理,S1-U 下行接口流量等同于 S5/S8 下行接口流量。系统吞吐量为两接口流量的平均值。

则 SGW 系统吞吐量计算公式为

$$\text{SGW 系统吞吐量}(\text{Gbit/s})=(\text{S1–U 接口流量}+\text{S5/S8 接口流量})\times 1/2 \quad (1\text{–}24)$$

（3）PGW 容量计算。

PGW 容量计算与 SGW 相同，主要考虑 PGW 支持的 EPS 承载上下文数、系统处理能力以及系统吞吐量。

PGW 支持的 EPS 承载上下文数、系统处理能力均与 SGW 相同。

PGW 系统吞吐量即 PGW 系统处理的所有流量。PGW 的数据接口包括 S5/S8 和 SGi。SGi 接口一般考虑以太网接口封装，协议开销为 26 字节。可根据式（1–23）计算 S5/S8 和 SGi 接口的流量。则 PGW 系统吞吐量计算公式为

$$\text{PGW 系统吞吐量}(\text{Gbit/s})=(\text{S5/S8 接口流量}+\text{SGi 接口流量})\times 1/2 \quad (1\text{–}25)$$

2）5GC 核心网计算

跟原有网络相比，新的 5GC 核心网建设面临网络部署、网络功能实现、新业务开展、多制式共存四大挑战。5GC 核心网容量计算的主要目的是通过 AMF、UPF、服务器数量的计算，以及 VNF（虚拟网络功能）需求内存与存储的计算得到区域内核心网所需网元功能与服务器的数量，进而指导后续网络建设。

计算步骤如下：

① 计算 VNF 需求数量。在核心网各 NF 中，由于 AMF 和 UPF 与无线侧的基站数有关，所以需要计算这两个 NF 的数量，而其他的 NF 各需要一个即可。

AMF 数量的计算公式为

$$\text{AMF 数量}=\text{无线规划站点数}/\text{单 AMF 支持站点数} \quad (1\text{–}26)$$

同理，可计算 UPF 数量。

因此，VNF 需求数量的计算公式为

$$\text{VNF 需求数量}=\text{AMF 数量}+\text{UPF 数量}+\text{其他非对接 VNF 数量} \quad (1\text{–}27)$$

② 计算 VNF 总需求内存与存储。VNF 总需求内存的计算公式为

$$\text{VNF 总需求内存}=\text{VNF 需求数量}\times \text{单 VNF 占用内存} \quad (1\text{–}28)$$

同理，可计算 VNF 总需求存储。

③ 计算服务器数量。服务器数量需要从内存和存储两个方面来考虑，从内存方面考虑时服务器数量的计算公式为

$$\text{服务器数量}=\text{VNF 总需求内存}/\text{单服务器内存} \quad (1\text{–}29)$$

同理，可从存储方面考虑去计算服务器数量，然后取二者中的较大值。

任务实施

为了完成本任务，需要进行无线覆盖预算、无线容量估算、无线综合计算和核心网容量规划四大步骤。

登录 5G 全网软件的客户端，选择下方的"网络规划"模块，进入网络规划界面。由于 Option 2 与 Option 3x 在无线覆盖预算与无线容量估算方面类似，因此这里以兴城市 Option 3x 为例完成无线网络规划任务。建安市 Option 2 的无线网络规划可与兴城市一致，仅在核心网容量规划上有所区别。

1. 无线覆盖预算

演示视频
5C 覆盖规划演示

步骤 1：上行链路预算。

在网络规划界面中依次选择"兴城市"→"无线网"→"无线覆盖"→PUSCH，进入 PUSCH 的上行链路预算界面。PUSCH 上行链路参数如表 1-10、表 1-11 所示，将其输入界面左侧的 PUSCH 参数表中。

表 1-10　PUSCH 链路预算参数

参数	终端发射功率/dBm	终端天线增益/dBi	基站灵敏度/dBm	基站天线增益/dBi	上行干扰余量/dB	线缆损耗/dB	人体损耗/dB	穿透损耗/dB	阴影衰落余量/dB	对接增益/dB	单站小区数/个
上行取值	26	0	−125.08	11	2	0	0	26	11.6	4.52	3

表 1-11　PUSCH 传播模型参数

参数	平均建筑高度/m	街道宽度/m	终端高度/m	基站高度/m	工作频率/GHz	本市区域面积/km²
上行取值	20	20	1.5	25	3.5	1 997

界面右侧已给出计算公式，只需要将参数填入，系统会自动计算得出结果，如图 1-35 所示。

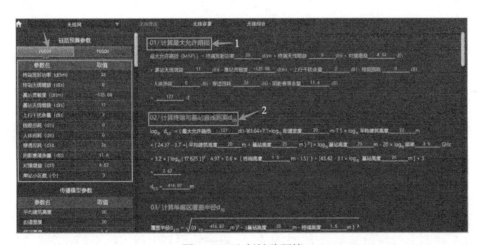

图 1-35　上行链路预算

在界面右侧的公式中依次填入相关参数，可以得到上行链路预算中最大允许路损为 127 dB，终端与基站直线距离 d_{3D} 为 416.87 m，d_{2D} 为 416.21 m，单站覆盖面积为 0.34 km²，从而得到上行覆盖规划站点数为 5 874 个。

步骤 2：下行链路预算。

PDSCH 下行链路参数如表 1-12、表 1-13 所示，将其输入界面左侧的 PDSCH 参数表中。

表 1-12　PDSCH 链路预算参数

参数	基站发射功率/dBm	基站天线增益/dBi	终端灵敏度/dBm	终端天线增益/dBi	下行干扰余量/dB	线缆损耗/dB	人体损耗/dB	穿透损耗/dB	阴影衰落余量/dB	对接增益/dB	单站小区数/个
下行取值	53	11	−104.25	0	7	0	0	26	11.6	4.52	3

表 1-13　PDSCH 传播模型参数

参数	平均建筑高度/m	街道宽度/m	终端高度/m	基站高度/m	工作频率/GHz	本市区域面积/km²
下行取值	20	20	1.5	25	3.5	1 997

在界面右侧的公式中依次填入相关参数,可以得到下行链路预算中最大允许路损为 128.17 dB,终端与基站直线距离 d_{3D} 为 446.68 m,d_{2D} 为 446.06 m,单站覆盖面积为 0.39 km²,从而得到下行覆盖规划站点数为 5 121 个。

2. 无线容量估算

步骤 1:上行容量估算。

演示视频
5G 容量规划演示

在网络规划界面中依次选择"无线容量"→UP,进入兴城市的上行容量估算界面。上行容量估算的速率模型参数如表 1-14 所示,将其输入界面左侧的速率模型参数表中。

表 1-14　上行容量估算的速率模型参数

参数	调制方式	天线流数	μ	帧结构	缩放因子	S 时隙中上行符号数	最大 RB 数
取值	64QAM	2	1	1112011200	0.8	4	273
参数	R_{max}	开销比例	单小区 RRC 最大用户数	本市 5G 用户数/万人	编码效率	上行速率转化因子	在线用户比例
取值	0.925 781 25	0.14	1 200	1 200	1	1	0.1

在界面右侧的公式中依次填入相关参数,可以得到单时隙长度为 0.5 ms,上行符号占比为 0.33。在第三步计算上行理论峰值速率时,注意调制方式 64QAM 的调制阶数为 6,得到上行峰值速率为 701.1 Mbit/s。进一步得到上行实际平均速率为 231.36 Mbit/s,上行单站峰值吞吐量为 246.48 Gbit/s,上行单站平均吞吐量为 81.34 Gbit/s,最终得到上行容量规划站点数为 3 334 个。

步骤 2:下行容量估算。

下行容量估算的速率模型参数如表 1-15 所示,将其输入界面左侧的速率模型参数表中。

在界面右侧的公式中依次填入相关参数,可以得到单时隙长度为 0.5 ms,下行符号占比为 0.64。在第三步计算下行理论峰值速率时,注意调制方式 256QAM 的调制阶数为 8,得到下行峰值速率为 1 869.6 Mbit/s。进一步得到下行实际平均速率为 1 196.54 Mbit/s,下行单站峰值吞吐量为 657.28 Gbit/s,下行单站平均吞吐量为 420.66

Gbit/s,最终得到下行容量规划站点数为 3 334 个。

表 1-15　下行容量估算的速率模型参数

参数	调制方式	天线流数	μ	帧结构	缩放因子	S 时隙中下行符号数	最大 RB 数
取值	256QAM	4	1	1112011200	0.8	10	273

参数	R_{max}	开销比例	单小区 RRC 最大用户数	本市 5G 用户数/万人	编码效率	下行速率转化因子	在线用户比例
取值	0.925 781 25	0.14	1 200	1 200	1	1	0.1

3. 无线综合计算

在网络规划界面中选择"无线综合",进入兴城市无线网络规划的综合部分。在计算得到无线覆盖规划站点数和容量规划站点数后,通过无线综合来最终确定无线网络规划 5G 站点数。

这一步需要用到的参数如表 1-16 所示,将其输入界面左侧。

表 1-16　无线综合计算参数

参数	上行覆盖规划站点数	下行覆盖规划站点数	热点区域扩容比例	4G 小区覆盖半径/m
取值	5 874	5 121	0.1	500

在界面右侧的公式中依次填入上两步得到的数值以及相关参数,最终得到无线网络规划 5G 站点数为 5 874 个。考虑到兴城市 Option 3x 是 4G 与 5G 站点双连接组网,因此这里还需要计算 4G 站点数。建安市 Option 2 则不需要计算 4G 站点数。

4. 核心网容量规划

步骤 1:Option 3x 核心网容量规划。

在网络规划界面中依次选择"兴城市"→"核心网",进入兴城市的核心网容量规划界面。Option 3x 核心网容量规划参数如表 1-17 所示,将其输入界面左侧。

表 1-17　Option 3x 核心网容量规划参数

参数	在线用户比例	附着激活比	S1-MME 接口每用户忙时平均信令流量/(kbit/s)	S11 接口每用户忙时平均信令流量/(kbit/s)	S6a 接口每用户忙时平均信令流量/(kbit/s)	本市单用户忙时业务平均吞吐量/(kbit/s)	本市 5G 用户数/万人
取值	0.1	0.1	3	3	2	2 000	1 200

在界面右侧的公式中依次填入相关参数,可以得到 MME 系统信令吞吐量为 9.15 Gbit/s;PGW 的 EPS 承载上下文数为 1 200 万,系统处理能力为 2 288.82 Gbit/s,系统吞吐量为 2 490.24 Gbit/s;SGW 的 EPS 承载上下文数为 1 200 万,系统处理能力为 2 288.82 Gbit/s,系统吞吐量为 2 527.63 Gbit/s。

步骤 2:Option 2 核心网容量规划。

在网络规划界面中依次选择"建安市"→"核心网",进入建安市的核心网容量规划界面。Option 2 核心网容量规划参数如表 1-18 所示,将其输入界面左侧。

表 1-18   Option 2 核心网容量规划参数

参数	单 VNF 占用内存/GB	单 VNF 占用存储/GB	单 AMF 支持站点数/个	单 UPF 支持站点数/个	非对接 VNF 数量/个	单服务器内存/GB	单服务器硬盘容量/GB
取值	1.8	5.5	1 000	1 100	8	256	4 000

在界面右侧的公式中依次填入相关参数,最终可以得到所需服务器数量为 1 个。

任务拓展

思考一下,Option 2 和 Option 3x 在核心网侧的容量规划有哪些不同?

任务测验

答案
任务 1.2 测验答案

一、单选题

1. 链路预算是网络规划中的重要环节,是对系统的覆盖能力进行评估,简单地说就是计算小区能覆盖多远。其计算思路是在保证最低接收灵敏度的前提下,对收发信机之间的增益与损耗进行分析,进而得到无线传播路径上所能容忍的最大传播损耗,这个传播损耗也称为(   )。

　　A. 最大允许路损　　　　　　　　　B. 上下行干扰余量
　　C. 阴影衰落余量　　　　　　　　　D. 线缆损耗

2. 5G 网络规划可分为三个阶段,以下不属于这三个阶段的是(   )。

　　A. 网络容量计算　　　　　　　　　B. 网络规模估算
　　C. 网络覆盖仿真　　　　　　　　　D. 网络参数规划

3. 核心网容量计算是对核心网中各个网元容量及系统容量的估算,以下不需要在 EPC 核心网进行容量计算的网元是(   )。

　　A. MME　　　　　B. SGW　　　　　C. PGW　　　　　D. HSS

二、简答题

1. 网络规模估算包括覆盖预算和容量估算,其中覆盖预算的主要目标有几个?分别是什么?

2. 基站容量是制约 5G 系统容量的关键节点之一,一般分为用户面容量和控制面容量。用户面容量和控制面容量主要指什么?

项目总结

本项目介绍了 5G 网络的规划,重点讲解了 5G 网络的部署模式和 5G 网络容量的计算方法。通过本项目,可对 5G 网络的规划有一定的了解。

本项目学习的重点主要是:5G 网络的部署模式和网络架构;5G 网络拓扑的规划;5G 网络容量的计算。

本项目学习的难点主要是:5G 无线覆盖链路和 5G 峰值速率与容量的计算。

赛事模拟

【节选自 2021 年全国职业院校技能大赛"5G 全网建设技术"赛项国赛样题】

5G 技术的发展给通信行业注入了新的活力。高可靠、低时延、大连接已成为当下用户需求模型的主要特征。在国家相关部委的推动下,全国范围内已开启了多个 5G 网络试点。

某省三个城市为国内 5G 试点城市,在该运营商集团公司的指导下,该省分公司 2021 年重点工作任务为在该省三个市区范围内开展 5G 网络建设,并引入部分 5G 无线新功能特性。截止到 2021 年 6 月,已基本完成全市话务模型数据采集,且已完成部分机房的硬件建设与数据配置。

网络新建项目的前提为网络的整体评估规划,经过前期的数据采集分析,已统计出 A 市、B 市、C 市的话务模型。请根据已有的模型数据,完成三个城市的网络规划。

要求如下:

根据以下背景说明及话务模型,依照网络规划基础原理中的计算过程及步骤进行网络规划计算,规划计算按空计算得分,各步骤计算结果均以四舍五入或取整原则取值,并在答题卡上填写相应答案。

A 市:该市总移动上网用户数为 1 400 万人,规划覆盖区域为 2 300 km²,站点分布在建筑密集的居民区,用户高度集中,承载网汇聚、接入层采用环形拓扑。现欲新建 5G 网络,请根据提供的话务模型与网络拓扑中规划的组网架构进行网络规划计算。A 市话务模型请参照表 1–19~表 1–24,请根据 A 市网络拓扑规划架构选择合适的核心网规划参数、无线网规划参数进行规划计算。

表 1–19　PUSCH(PDSCH)链路预算参数

参数	终端(基站)发射功率/dBm	终端(基站)天线增益/dBi	基站(终端)灵敏度/dBm	基站(终端)天线增益/dBi	上行(下行)干扰余量/dB	线缆损耗/dB	人体损耗/dB	穿透损耗/dB	阴影衰落余量/dB	对接增益/dB	单站小区数/个
上行取值	26	0	−126	11.7	5	0	0.1	24	13	5	3
下行取值	51	11.7	−104	0	5	0	0.1	24	13	6	3

表 1–20　传播模型参数

参数	平均建筑高度/m	街道宽度/m	终端高度/m	基站高度/m	工作频率/GHz	本市区域面积/km²
取值	18	24	1.58	25	3.5	2 300

表 1–21　上行(下行)容量估算参数

参数	调制方式	天线流数	μ	帧结构	缩放因子	S 时隙中上行(下行)符号数	最大 RB 数
上行取值	16QAM	2	0	11120	0.68	6	220
下行取值	64QAM	4	0	11120	0.68	6	220

续表

参数	R_{max}	开销比例	单小区 RRC 最大用户数	本市 5G 用户数/万人	编码效率	上行速率转化因子	在线用户比例
上行取值	948/1 024	0.06	600	1 400	0.75	0.68	0.13
下行取值	948/1 024	0.17	600	1 400	0.75	0.73	0.13

表 1-22   无线综合计算参数

参数	上行覆盖规划站点数	下行覆盖规划站点数	热点区域扩容比例	4G 小区覆盖半径/km
取值	参考无线覆盖计算项目结果		1.4	0.7

表 1-23   5GC 核心网容量规划参数

参数	单 VNF 占用内存/GB	单 VNF 占用存储/GB	单 AMF 支持站点数/个	单 UPF 支持站点数/个	非对接 VNF 数量/个	单服务器内存/GB	单服务器硬盘容量/GB
取值	2.4	5	800	1 000	8	128	2 000

表 1-24   EPC 核心网容量规划参数

参数	在线用户比例	附着激活比	S1-MME 接口每用户忙时平均信令流量/(kbit/s)	S11 接口每用户忙时平均信令流量/(kbit/s)	S6a 接口每用户忙时平均信令流量/(kbit/s)	本市单用户忙时业务平均吞吐量/(kbit/s)	本市 5G 用户数/万人
取值	0.13	0.77	6	7	6	2 000	1 200

【解析】

此题属于规划计算题,重点考查学生对规划的原理、计算步骤、计算公式的掌握情况,看其能否在给定规划参数的基础上,完成 5G 网络容量的规划,并对设备进行正确的选型。

项目 **2**

部署 5G 机房设备

☑ 项目引入

　　5G 基站机房也称为 5G 公共移动通信基站机房（radio station equipment room），简称为 5G 机房，用于提供无线覆盖，支持无线信号传输设备的运行，保护有线通信网络和无线终端之间连接的模块，主要包括宏基站机房、砖混机房、彩钢板机房、集成基站设备房等，可适用于多种不同的应用场景。

　　本项目包括三个任务，分别是：配置 5G 核心网机房设备、配置 5G 站点机房设备和配置 5G 承载网机房设备。通过此项目，一方面可以了解不同网络架构下的 5G 机房设备类型，另一方面可以了解 5G 机房设备之间的线缆连接方式。

☑ 知识图谱

　　本项目知识图谱如图 2-1 所示。

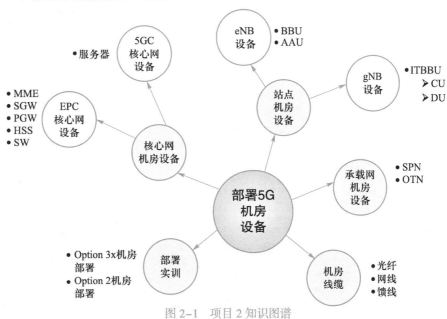

图 2-1　项目 2 知识图谱

☑ 项目目标

➢ 知识目标

- 掌握不同架构下 5G 核心网机房设备配置步骤。
- 掌握不同架构下 5G 站点机房设备配置步骤。
- 掌握 5G 承载网机房设备配置步骤。

➢ 能力目标

- 具备作为网络维护人员进行网络设备运营维护的能力。
- 具备作为网络优化人员进行网络设备运营优化的能力。

➢ 素养目标

- 具有自我学习的习惯、爱好和能力。
- 具有遵守行业标准和技术规范的意识和习惯。

➢ "5G 移动网络运维" 职业技能等级证书考点

- (初级)达到网络维护模块中单站开通要求。
- (中级)达到网络维护模块中基站维护规划与实施要求。
- (高级)达到网络维护模块中核心网调试及全网对接要求。

配置 5G 核心网机房设备

任务描述

本任务在前期网络拓扑规划、网络覆盖预算和容量估算完成的情况下,配置 5G 核心网机房设备,内容包括 Option 3x 的 EPC 核心网机房和 Option 2 的 5GC 核心网机房中 SW、ODF(光纤配线架)和服务器的设备入柜和设备连线。

通过本任务,可以了解 5G 核心网机房的设备配置,加深对 5G 核心网设备和线缆连接的理解。

任务准备

为了完成本任务,需要做以下知识准备:

(1)了解 EPC 核心网设备。

(2)了解 5GC 核心网设备。

(3)了解 5G 核心网机房线缆。

1. EPC 核心网设备

EPC 网络是 4G 移动通信网络的核心网,它具备用户签约数据存储、移动性管理和数据交换等移动网络的传统能力,并能够给用户提供超高速的上网体验。其特点为仅有分组域而无电路域、基于全 IP 结构、控制与承载分离且网络结构扁平化,其中主要包含 MME、SGW、PGW、HSS、PCRF 等网元。其中 SGW 和 PGW 常常合设并被称为 SAE-GW(系统架构演进网关)。下面以中兴通讯股份有限公司(以下简称中兴通讯)典型的 ZXUN 系列设备为例进行介绍,如图 2-2 所示。

图 2-2　ZXUN 系列设备

ZXUN 系列包含 ZXUN uMAC、ZXUN xGW、ZXUN USPP 三种类型的设备。

ZXUN uMAC 是中兴通讯研制的分组核心网设备,既可以作为 GSM/UMTS 网络中的 SGSN，也可以作为 LTE/EPC 网络中的控制面网元 MME，或作为 5GC 网络中的 AMF，或者同时兼具 SGSN、MME 和 AMF 的功能，使运营商可以实现平滑的网络演进。

ZXUN xGW 可以部署为 GGSN、S/PGW-C、S/PGW-U、SMF、UPF 及组合功能节点，支持 2G、3G、LTE、5G NSA 和 SA 接入，满足向 5GC 网络演进过程中各种不同应用场景的需要。

ZXUN USPP 是通用用户数据平台，提供了灵活的 UDC（用户数据融合）/SDM（用户数据管理）解决方案，实现用户数据集中管理并提供开放接口，简化网络部署，支持多种 FE 应用，包括 GSM HLR（归属位置寄存器）、UMTS HLR、CDMA HLRe（HLR 仿真）、EIR（设备标识寄存器）、SLF（签约位置功能）、IMS（IP 多媒体子系统）HSS、EPC HSS、5G UDM、5G AUSF、AAA（认证、授权和计费）和 ENUM（电话号码映射），有利于实现不同应用网元的融合业务，降低部署成本，加快业务部署速度。

2. 5GC 核心网设备

微课
Option 3x 核心网
设备配置

传统的通信网主要面向人与人之间的通信需求而建设，随着万物互联垂直行业的海量需求，传统网络软硬件绑定，网络实体间固化的流程架构已无法满足要求。为应对这些新的业务需求，5G 核心网依托于"云原生"（cloud native）核心思想，通过基于服务的网络架构，网络资源可切片，控制面/用户面分离，结合云化技术，实现了网络的定制化、开放性以及服务化。

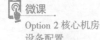

微课
Option 2 核心机房
设备配置

在 5G 全网软件的"设备配置"模块中，需要对机房进行硬件配置。在软件要求的 Option 2 组网系列下，需要部署服务器设备，通过服务器设备来虚拟各网元。图 2-3 所示为华为技术有限公司（以下简称华为）典型的服务器产品 RH1288 V3。

3. 5G 核心网机房线缆

5G 核心网机房线缆包含光纤和网线。

1）光纤

光纤的全称为光导纤维。由于光的特性，光纤传导性能良好，传输信息量大，传输速率快，非常适合用来传输数据。图 2-4 所示为常见的 SC-FC 接口光纤。

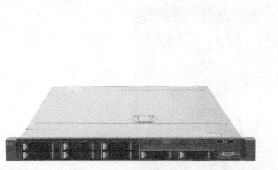

图 2-3 华为 RH1288 V3

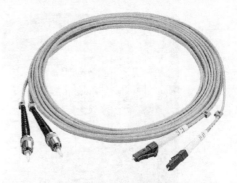

图 2-4 常见的 SC-FC 接口光纤

光纤的用途与材质是多种多样的，通信中所用的光纤一般是石英光纤。石英的化学名称为二氧化硅（SiO_2），和一般建筑使用的沙子的主要成分相同，所以成本非常低。

光纤简单来说可以分为单模光纤与多模光纤，以前单模光纤多用于中长距离传输,多模光纤用于短距离传输。近年来由于多模光纤衰减损耗相对较高,基本已经淘汰,5G 站点使用的光纤全都为单模光纤。

光纤接头,又称为光纤连接器,一般有 LC、ST、FC、SC 几种常见类型,如图 2-5 所示。

(1)LC 型光纤连接器:连接 SFP(小型可插拔)模块的连接器,采用操作方便的模块化插孔(RJ)闩锁机理制成,一般用于 BBU 与 AAU、SPN 之间的连接。

(2)ST 型光纤连接器:外壳呈圆形,紧固方式为螺丝扣,常用于 ODF。

(3)FC 型光纤连接器:外部加强方式为金属套,紧固方式为螺丝扣,一般用于 ODF。

(4)SC 型光纤连接器:连接 GBIC(千兆位接口转换器)光模块的连接器,外壳呈矩形,紧固方式为插拔销闩式,无须旋转,一般用于路由器交换机。

2)网线

网线一般由金属或玻璃制成,可以用来在网络内传递信息,连接时常需要通过 RJ-45 水晶头。图 2-6 所示为常见的 RJ-45 接口网线。

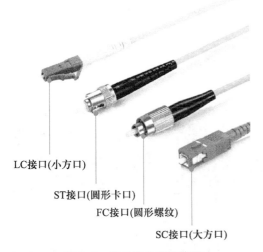

LC接口(小方口)
ST接口(圆形卡口)
FC接口(圆形螺纹)
SC接口(大方口)

图 2-5　常见的光纤连接器

图 2-6　常见的 RJ-45 接口网线

5G NR 站点机房一般需要使用超五类网线与超六类网线。超五类网线在站点机房中一般用来传输监控告警信息;超六类网线可以用来连接 RHUB(射频拉远集线器)与 pRRU(皮基站),主要是由于 5G 网络的传输速率要求比较高,普通的超五类网线已经无法满足 5G 传输业务的需求,并且 pRRU 需要通过与 RHUB 相连的线缆进行供电。

任务实施

为了完成本任务,需要先根据前期的网络拓扑规划,进行 Option 3x 的 EPC 核心网机房设备配置和 Option 2 的 5GC 核心网机房设备配置的端口规则,如表 2-1 和表 2-2 所示。

表 2-1　Option 3x 的 EPC 核心网机房设备配置端口规划

本端机房	设备	端口	对端机房	设备	端口
兴城市核心网机房	大型 MME	10GE-7/1	兴城市核心网机房	SW1	10GE-1
兴城市核心网机房	大型 SGW	100GE-7/1	兴城市核心网机房	SW1	100GE-13
兴城市核心网机房	大型 PGW	100GE-7/1	兴城市核心网机房	SW1	100GE-15
兴城市核心网机房	大型 HSS	GE-7/1	兴城市核心网机房	SW1	GE-19
兴城市核心网机房	SW1	100GE-18	兴城市核心网机房	ODF	1

表 2-2　Option 2 的 5GC 核心网机房设备配置端口规划

本端机房	设备	端口	对端机房	设备	端口
建安市核心网机房	服务器 1	10GE-1	建安市核心网机房	SW1	10GE-1
建安市核心网机房	SW1	100GE-18	建安市核心网机房	ODF	1

演示视频

Option 3x 核心网
设备配置演示

1. Option 3x 的 EPC 核心网机房设备配置

步骤 1：选择兴城市核心网机房。

打开 5G 全网软件的客户端，依次选择"网络配置"→"设备配置"→"核心网"→"兴城市核心网机房"。

步骤 2：选择兴城市核心网机房的右侧设备机柜。

进入兴城市核心网机房，选择右侧设备机柜，如图 2-7 所示。

图 2-7　选择右侧设备机柜

步骤 3：将设备资源池中的 MME、SGW、PGW 拖入右侧设备机柜。

设备分大型、中型、小型，实际施工中以网络容量规划的计算结果对设备进行选型。这里以大型设备为例，将设备资源池中的大型 MME、大型 SGW、大型 PGW 依次拖入核心网机房的右侧设备机柜，如图 2-8 所示。

图 2-8　将设备资源池中的 MME、SGW、PGW 拖入右侧设备机柜

步骤 4：配置 SW1 和 MME 的连接关系。

单击 SW1，出现 SW1 端口界面，接着选择成对 LC-LC 线缆，连接 SW1 的 1 端口，如图 2-9 所示，再单击 MME，选择 MME 的 7 槽位 1 端口，如图 2-10 所示，完成 SW1 和 MME 的连接。

图 2-9　配置 SW1 和 MME 的连接关系（1）

步骤 5：配置 SGW、PGW 和 SW1 的连接关系。

按照相同的方法，分别完成 SGW、PGW 与 SW1 的连接，SW1 的 13 端口和 15 端口分别连接 SGW 和 PGW 的 7 槽位 1 端口，如图 2-11 所示。

步骤 6：配置 SW1 和 ODF 的连接关系。

单击 SW1，接着选择成对 LC-FC 光纤，连接 SW1 的 18 端口，再单击 ODF，选择本端为兴城市核心网机房端口 1，如图 2-12 所示，完成 SW1 和 ODF 的连接。

图 2-10 配置 SW1 和 MME 的连接关系（2）

图 2-11 配置 SGW、PGW 和 SW1 的连接关系

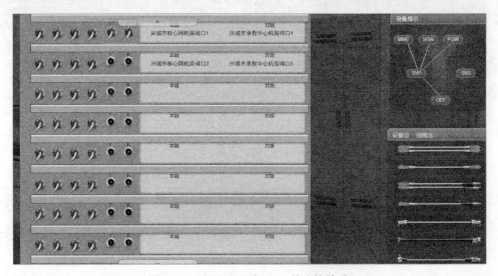

图 2-12 配置 SW1 和 ODF 的连接关系

步骤 7：选择兴城市核心网机房的左侧设备机柜。

选择兴城市核心网机房的左侧设备机柜，如图 2-13 所示。

图 2-13　选择左侧设备机柜

步骤 8：将设备资源池中的 HSS 拖入左侧设备机柜。

将设备资源池中的大型 HSS 拖入核心网机房的左侧设备机柜，如图 2-14 所示。

图 2-14　将设备资源池中的 HSS 拖入左侧设备机柜

步骤 9：配置 HSS 和 SW1 的连接关系。

选择以太网线，连接 HSS 的 7 槽位 1 端口与 SW1 的 19 端口，如图 2-15 所示，完成 HSS 和 SW1 的连接。

图 2-15　配置 HSS 和 SW1 的连接关系

演示视频
Option 2 核心机房
设备配置演示

2. Option 2 的 5GC 核心网机房设备配置

步骤 1：选择建安市核心网机房。

打开 5G 全网软件的客户端，依次选择"网络配置"→"设备配置"→"核心网"→"建安市核心网机房"。

步骤 2：选择建安市核心网机房的左侧设备机柜。

步骤 3：将设备资源池中的通用服务器拖入左侧设备机柜。

步骤 4：选择光纤连接通用服务器。

单击通用服务器，出现服务器端口界面，从线缆池中选择成对 LC-LC 光纤，连接通用服务器的 1 端口。

步骤 5：完成 SW1 和通用服务器的连接。

单击 SW1，连接 SW1 的 1 端口至通用服务器的 1 端口，完成 SW1 和通用服务器的连接。

步骤 6：完成 ODF 和 SW1 的连接。

单击 ODF，选择成对 LC-FC 光纤，连接 ODF 本端（建安市核心网机房端口 1）至 SW1 的 18 端口，完成 ODF 和 SW1 的连接。

任务拓展

思考一下，Option 2 和 Option 3x 在核心网侧的设备配置有哪些不同？

任务测验

答案
任务 2.1 测验答案

一、单选题

1. Option 3x 的 EPC 核心网设备中，使用以太网线进行连接的是（　　　）。

    A. MME　　　　　　　　　　　　　　B. SGW

    C. PGW　　　　　　　　　　　　　　D. HSS

2. Option 2 的 5GC 核心网通用服务器与 SW1 进行连接时使用的线缆是（　　）。

 A. 成对 LC-LC 光纤　　　　　　　　B. LC-LC 光纤

 C. 成对 LC-FC 光纤　　　　　　　　D. LC-FC 光纤

3. SW1 与 ODF 进行连接时使用的线缆是（　　）。

 A. 成对 LC-LC 光纤　　　　　　　　B. LC-LC 光纤

 C. 成对 LC-FC 光纤　　　　　　　　D. LC-FC 光纤

二、简答题

1. 光纤简单来说可以分为单模光纤与多模光纤，以前单模光纤多用于中长距离传输，多模光纤用于短距离传输。近年来多模光纤基本被淘汰的原因是什么？

2. 光纤接头，又称为光纤连接器，一般有 LC、ST、FC、SC 几种常见类型。这几种类型的光纤连接器各有什么特点？

任务 2.2　配置 5G 站点机房设备

任务描述

本任务在前期网络拓扑规划、网络覆盖预算和容量估算完成的情况下，配置 5G 站点机房设备，内容包括 Option 3x 站点机房和 Option 2 站点机房中 AAU、BBU、ITBBU 等设备的安装和线缆连接。

通过本任务，可以了解 5G 站点机房的主要设备，加深对 5G 无线站点设备和线缆连接的理解。

任务准备

为了完成本任务，需要做以下知识准备：

（1）了解（IT）BBU 设备。

（2）了解 4G 基站设备 RRU。

（3）了解 5G 基站设备 AAU。

（4）了解 GPS 天线。

1.（IT）BBU 设备

BBU 提供基带板、交换板、主控板、环境监控板、电源板的槽位，通过板件完成系统的资源管理、操作维护和环境监控功能，接收和发送基带数据，实现天馈系统和核心网的信息交互。基站建设时，可以根据建设需求进行 BBU 的板卡选用配置。图 2-16 所示为华为典型的无线站点设备 BBU5900。

相较于 4G 基站使用的 BBU 设备，ITBBU 是面向 5G 的下一代 IT 基带产品，它是基于软件定义架构（SDN）和网络功能虚拟化（NFV）技术的 5G 无线接入产品，可以在

微课
Option 3x 站点机房设备配置

微课
Option 2 站点机房设备配置

图 2-16　华为 BBU5900

图 2-17　华为 RRU3936-1800

图 2-18　华为 AAU3940

图 2-19　GPS 天线 TA070023

支持 5G 基带功能的同时支持 GSM、UMTS、LTE 的基带功能。

2. RRU 设备

RRU 分为四大模块：中频模块、收发信机模块、功放模块和滤波模块。

下行覆盖中，基带光信号通过光纤传输至 RRU，在中频模块中先经光电转换和解 CPRI 帧得到基带 I/Q 数字信号，接着经过数字上变频、D/A 转换得到中频模拟信号，在收发信机模块中完成从中频信号到射频信号的转换，最后在功放模块和滤波模块中经过射频滤波、线性放大后，将射频信号通过馈线传至天线发射出去。

上行覆盖中，天线将接收到的移动终端上行信号送至 RRU，在滤波模块和功放模块中进行滤波、低噪声放大，以及进一步的射频小信号滤波、放大，在收发信机模块中将射频信号转换为中频信号，接着在中频模块中经过数字下变频、A/D 转换得到基带 I/Q 数字信号，最后经过 CPRI 协议组帧和光电转换得到光信号传输至 BBU。

图 2-17 所示为华为的 RRU 设备 RRU3936-1800。

3. AAU 设备

AAU 是融天线、中频、射频及部分基带功能为一体的设备，内置大量天线振子划分单元组，实现 5G Massive MIMO 和波束赋形功能，相当于天线和 RRU 的集合体，减少了 RRU 和天线之间馈线的损耗，可以直接收发信号，与 BBU 进行信息交互。图 2-18 所示为华为的 AAU 设备 AAU3940。

4. GPS 天线

GPS（全球定位系统）通过捕获到的卫星截止角选择待测卫星，并跟踪卫星运行获取卫星信号，从而测量计算出天线所在地理位置的经纬度、高度等信息。GPS 一般通过馈线与 BBU 连接，由于 GPS 一般安装在室外，因此 GPS 与 BBU 之间连接时需要安装避雷器。

图 2-19 所示为典型的 GPS 天线 TA070023。

任务实施

为了完成本任务，需要先根据前期的网络拓扑规划以及核心网机房设备配置，进行 Option 3x 和 Option 2 站点机房设备配置的端口规则，如表 2-3 和表 2-4 所示。

表 2-3　Option 3x 站点机房设备配置端口规划

本端机房	设备	端口	对端机房	设备	端口
兴城市 B 站点机房	ITBBU	BP5G-2	兴城市 B 站点机房	低频 AAU1	25GE-1
兴城市 B 站点机房	ITBBU	BP5G-3	兴城市 B 站点机房	低频 AAU2	25GE-1
兴城市 B 站点机房	ITBBU	BP5G-4	兴城市 B 站点机房	低频 AAU3	25GE-1
兴城市 B 站点机房	BBU	TX2 RX2	兴城市 B 站点机房	低频 AAU4	OPT1
兴城市 B 站点机房	BBU	TX1 RX1	兴城市 B 站点机房	低频 AAU5	OPT1
兴城市 B 站点机房	BBU	TX0 RX0	兴城市 B 站点机房	低频 AAU6	OPT1
兴城市 B 站点机房	小型 SPN1	GE-10/1	兴城市 B 站点机房	BBU	EHT0
兴城市 B 站点机房	小型 SPN1	100GE-1/1	兴城市 B 站点机房	ITBBU	SW5G-4
兴城市 B 站点机房	ITBBU	ITGPS-10/1	兴城市 B 站点机房	GPS	IN
兴城市 B 站点机房	小型 SPN1	100GE-1/2	兴城市 B 站点机房	ODF	1

表 2-4　Option 2 站点机房设备配置端口规划

本端机房	设备	端口	对端机房	设备	端口
建安市 B 站点机房	ITBBU	BP5G-2	建安市 B 站点机房	AAU1	25GE-1
建安市 B 站点机房	ITBBU	BP5G-3	建安市 B 站点机房	AAU2	25GE-1
建安市 B 站点机房	ITBBU	BP5G-4	建安市 B 站点机房	AAU3	25GE-1
建安市 B 站点机房	小型 SPN1	25GE-5/1	建安市 B 站点机房	ITBBU	SW5G-1
建安市 B 站点机房	ITBBU	ITGPS-10/1	建安市 B 站点机房	GPS	IN
建安市 B 站点机房	小型 SPN1	100GE-1/2	建安市 B 站点机房	ODF	1

1. Option 3x 站点机房设备安装

步骤 1:选择兴城市 B 站点机房。

打开 5G 全网软件的客户端,依次选择"网络配置"→"设备配置"→"无线网"→"兴城市 B 站点机房"。

步骤 2:选择铁塔,进行室外 AAU 设备安装。

进入兴城市 B 站点机房,选择铁塔,进行室外 AAU 设备安装,如图 2-20 所示。

步骤 3:完成 AAU 4G 和 AAU 5G 的安装。

依次从设备资源池中选择 AAU 4G(AAU4、AAU5、AAU6)安装在铁塔第一层,AAU 4G 安装完毕后,以 5G 低频为例,依次选择 AAU 5G 低频(AAU1、AAU2、AAU3)安装在铁塔第二层,如图 2-21 所示。

步骤 4:进入站点机房。

单击机房的黄色箭头或机房门,进入兴城市 B 站点机房进行机房设备安装,如图 2-22 所示。

步骤 5:了解站点机房的机柜分类。

站点机房内有 3 个机柜,从左到右分别为基站设备机柜、传输设备机柜和 ODF,如图 2-23 所示。

演示视频
Option 3x 站点机房设备配置演示

图 2-20 选择铁塔,进行室外 AAU 设备安装

图 2-21 完成 AAU 4G 和 AAU 5G 的安装

图 2-22 进入站点机房

图 2-23　了解站点机房的机柜分类

步骤 6:基站设备机柜的设备安装。

选择基站设备机柜,将设备资源池中的 5G 基带处理单元(ITBBU)和 BBU 分别拖入基站设备机柜,如图 2-24 所示。

图 2-24　基站设备机柜的设备安装

步骤 7:5G 基带处理单元的单板安装。

选择 5G 基带处理单元,从设备资源池中依次将 5G 基带处理板、虚拟通用计算板、虚拟环境监控板、虚拟电源分配板、5G 虚拟交换板拖入 5G 基带处理单元,完成 5G 基带处理单元的单板安装,如图 2-25 所示。

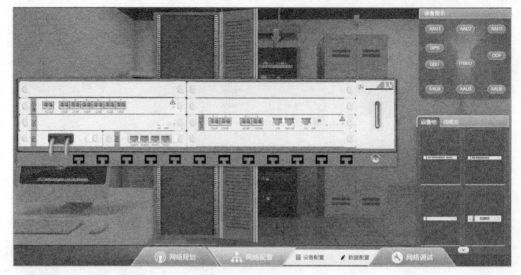

图 2-25 5G 基带处理单元的单板安装

步骤 8:5G 传输设备 SPN 的安装。

选择传输设备机柜,从设备资源池中将小型 SPN 设备拖入传输设备机柜,如图 2-26 所示。至此,Option 3x 站点机房所有设备安装完毕。

图 2-26 5G 传输设备 SPN 的安装

2. Option 3x 站点机房线缆连接

步骤 1:完成 BBU 和 AAU 4G 的连接。

单击 BBU,出现 BBU 端口界面,选择线缆池中的成对 LC-LC 光纤,将光纤的一端连接到 BBU 的 TX2 RX2 端口,再单击 AAU4,将光纤的另一端连接到 AAU4 的 OPT1 端口,至此,BBU 和 AAU4 的连接完成。同理,完成 BBU 和 AAU5、AAU6 的连接,如图 2-27 所示。

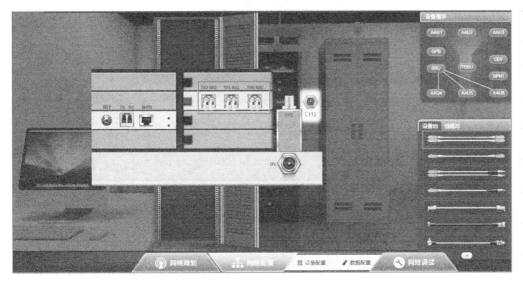

图 2-27　完成 BBU 和 AAU 4G 的连接

步骤 2:完成 ITBBU 和 AAU 5G 的连接。

单击 ITBBU,出现 ITBBU 端口界面,选择线缆池中的成对 LC-LC 光纤,将光纤的一端连接到 BP5G(5G 基带处理板)的 25GE 端口 2,再单击 AAU1,将光纤的另一端连接到 AAU1 的 25GE 端口 1,至此,ITBBU 和 AAU1 的连接完成。同理,完成 ITBBU 和 AAU2、AAU3 的连接,如图 2-28 所示。

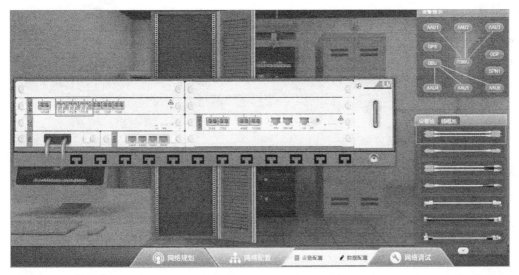

图 2-28　完成 ITBBU 和 AAU 5G 的连接

步骤 3:完成 ITBBU 和 SPN 的连接。

在 ITBBU 端口界面,选择线缆池中的成对 LC-LC 光纤,将光纤的一端连接到 SW5G(5G 虚拟交换板)的 100GE 端口 4,再单击 SPN1,将光纤的另一端连接到 SPN1 的 100GE 端口 1,完成 ITBBU 和 SPN 的连接,如图 2-29 和图 2-30 所示。

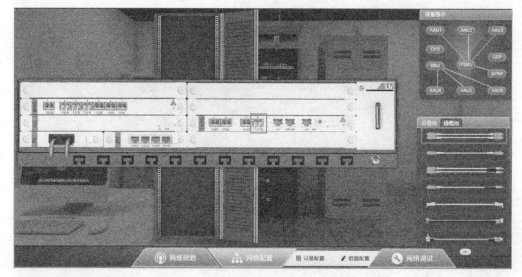

图 2-29　ITBBU 侧完成和 SPN 的连接

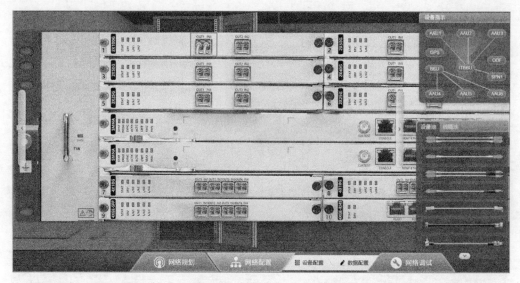

图 2-30　SPN 侧完成和 ITBBU 的连接

步骤 4:完成 ITBBU 和 GPS 的连接。

单击 ITBBU,在线缆池中选择 GPS 馈线,将 GPS 馈线的一端连接到 ITBBU 的 GPS 接口,再单击 GPS,将 GPS 馈线的另一端连接到 GPS,完成 ITBBU 和 GPS 的连接,如图 2-31 所示。

步骤 5:完成 BBU 和 SPN 的连接。

单击 BBU,出现 BBU 端口界面,在线缆池中选择以太网线,连接 BBU 的 EHT0 端口和 SPN1 的 GE 端口 1,如图 2-32 和图 2-33 所示。

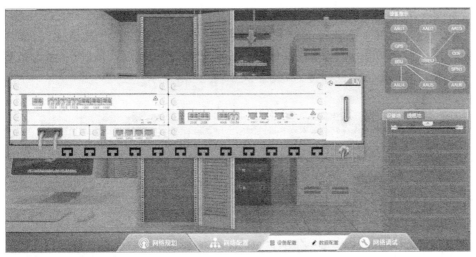

图 2-31 完成 ITBBU 和 GPS 的连接

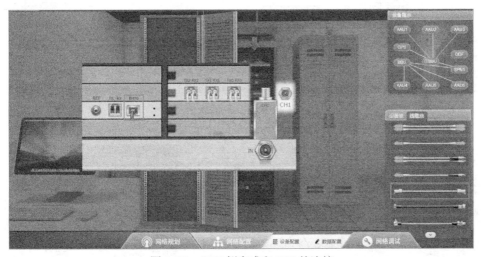

图 2-32 BBU 侧完成和 SPN 的连接

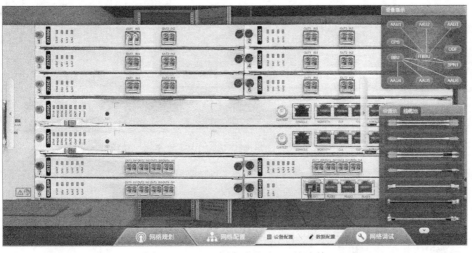

图 2-33 SPN 侧完成和 BBU 的连接

步骤 6：完成 SPN 和 ODF 的连接。

单击 SPN1，在线缆池中选择成对 LC–FC 光纤，将光纤的一端连接到 SPN1 的 100GE 端口 2，再单击 ODF，将光纤的另一端连接到 ODF 本端（兴城市 B 站点机房端口 1），完成 SPN 和 ODF 的连接，如图 2–34 和图 2–35 所示。

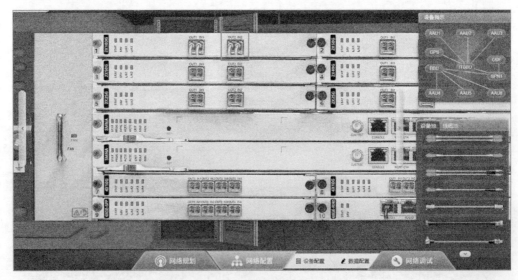

图 2–34　SPN 侧完成和 ODF 的连接

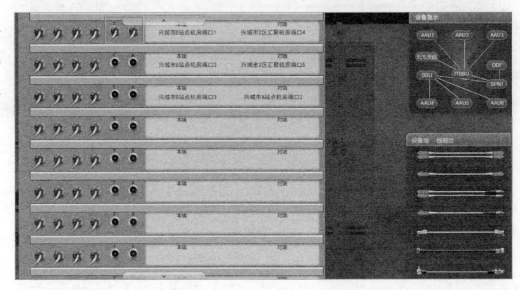

图 2–35　ODF 侧完成和 SPN 的连接

演示视频
Option 2 站点机房
设备配置演示

3. Option 2 站点机房设备安装

步骤 1：选择建安市 B 站点机房。

打开 5G 全网软件的客户端，依次选择"网络配置"→"设备配置"→"无线网"→"建安市 B 站点机房"。

步骤 2:选择铁塔,进行室外 AAU 设备安装。

进入建安市 B 站点机房,选择铁塔,进行室外 AAU 设备安装。

步骤 3:完成 AAU 5G 的安装。

依次从设备资源池中选择 AAU 5G 低频安装在铁塔第二层。

步骤 4:进入站点机房。

单击机房的黄色箭头或机房门,进入建安市 B 站点机房进行机房设备安装。

步骤 5:基站设备机柜的设备安装。

选择基站设备机柜,将设备资源池中的 5G 基带处理单元(ITBBU)拖入基站设备机柜。

步骤 6:5G 基带处理单元的单板安装。

选择 5G 基带处理单元,从设备资源池中依次将 5G 基带处理板、虚拟通用计算板、虚拟环境监控板、虚拟电源分配板、5G 虚拟交换板拖入 5G 基带处理单元,完成 5G 基带处理单元的单板安装。

步骤 7:5G 传输设备 SPN 的安装。

选择传输设备机柜,从设备资源池中将小型 SPN 设备拖入传输设备机柜。至此,Option 2 站点机房所有设备安装完毕。

4. Option 2 站点机房线缆连接

步骤 1:完成 ITBBU 和 AAU 的连接。

单击 ITBBU,出现 ITBBU 端口界面,选择线缆池中的成对 LC-LC 光纤,将光纤的一端连接到 BP5G 的 25GE 端口 2,再单击 AAU1,将光纤的另一端连接到 AAU1 的 25GE 端口 1,至此,ITBBU 和 AAU1 的连接完成。同理,完成 ITBBU 和 AAU2、AAU3 的连接。

步骤 2:完成 ITBBU 和 SPN 的连接。

在 ITBBU 端口界面,选择线缆池中的成对 LC-LC 光纤,将光纤的一端连接到 SW5G 的 25GE 端口 1,再单击 SPN1,将光纤的另一端连接到 SPN1 的 25GE 端口 1,完成 ITBBU 和 SPN 的连接。

步骤 3:完成 ITBBU 和 GPS 的连接。

单击 ITBBU,在线缆池中选择 GPS 馈线,将 GPS 馈线的一端连接到 ITBBU 的 GPS 接口,再单击 GPS,将 GPS 馈线的另一端连接到 GPS,完成 ITBBU 和 GPS 的连接。

步骤 4:完成 SPN 和 ODF 的连接。

单击 SPN1,在线缆池中选择成对 LC-FC 光纤,将光纤的一端连接到 SPN1 的 100GE 端口 2,再单击 ODF,将光纤的另一端连接到 ODF 本端(建安市 B 站点机房端口 1),完成 SPN 和 ODF 的连接。

任务拓展

思考一下,Option 3x 兴城市 B 站点机房 CU、DU 分离的部署方式应该怎么配置?

任务测验

一、单选题

1. Option 2 站点机房中不需要的设备是（　　　）。

    A. BBU　　　　　　　　　　　　　　B. ITBBU

    C. AAU　　　　　　　　　　　　　　D. SPN

2. 与 GPS 连接的设备是（　　　）。

    A. BBU　　　　　　　　　　　　　　B. ITBBU

    C. AAU　　　　　　　　　　　　　　D. SPN

3. GPS 进行连接时使用的线缆是（　　　）。

    A. 成对 LC-LC 光纤　　　　　　　　B. GPS 跳线

    C. 天线跳线　　　　　　　　　　　　D. GPS 馈线

二、简答题

1. ITBBU 提供哪几类单板的槽位？

2. RRU 包括哪些模块？

答案

任务 2.2 测验答案

任务 2.3　配置 5G 承载网机房设备

任务描述

    本任务在前期网络拓扑规划、网络覆盖预算和容量估算完成的情况下，配置 5G 承载网机房设备，内容包括 5G 承载网机房中 OTN、SPN 和 ODF 的配置以及线缆连接。

    通过本任务，可以了解 5G 承载网机房设备的主要功能，加深对 5G 承载网设备和线缆连接的理解。

任务准备

    为了完成本任务，需要做以下知识准备：

    （1）了解承载网 OTN 设备。

    （2）了解承载网 SPN 设备。

    （3）了解 ODF 等配线组件。

1. OTN 设备

    OTN 设备用于实现大容量长距离信息传输，主要完成光域业务信号的传送、复用、路由选择、监控，并且保证其性能指标、可靠性和安全性。下面以华为公司典型的 OTN 产品为例进行介绍。

    OptiX OSN 9800 M 系列是华为光传送网旗舰产品，具备超大容量、高度集成、光电融合、灵活高效等特点,既能支撑运营商全业务的快速发展,还能满足站点基础资源配套要求,适用于骨干、城域、接入等各网络层次。该产品采用光电一体化设计,具有丰富的光、电板卡,共享平台,可灵活组合使用;100~600 Gbit/s 容量全覆盖,高性能,可编程,大小颗粒业务均可灵活接入。其同时具备与 OptiX OSN 家族其他产品混合组网的能力,可实现业务无缝对接,从而构建新一代的从骨干、汇聚到接入的端到端 OTN 传送解决方案。

OptiX OSN 9800 M 系列产品根据容量不同,分为 OptiX OSN 9800 M24、OptiX OSN 9800 M12 和 OptiX OSN 9800 M05,如图 2-36 所示。

　　(a) OptiX OSN 9800 M24　　　(b) OptiX OSN 9800 M12　　(c) OptiX OSN 9800 M05

图 2-36　OptiX OSN 9800 M 系列产品

2. SPN 设备

基于对 5G 承载网要求的广泛分析,SPN 设备综合考虑了带宽、流量模式、切片、时延和时间同步等多方面因素,可灵活实现由一个较大的物理链路创建较小的物理通道,以保证服务质量(QoS)及在传输层间切片的隔离。下面以华为公司典型的 SPN 产品为例进行介绍(华为产品被命名为 SPTN,即切片分组传送网)。

华为 SPTN 产品系列基于移动业务对承载网的需求和挑战,全方位升级支持 SPN 特性,聚焦大带宽、低时延、灵活链接、网络切片等需求,从极简网络智能管控等维度,赋予移动承载网络新内涵。从设备维度看,在持续提供超宽管道的同时,引入 FlexE (灵活以太网)等新技术,提供网络切片能力,大幅降低业务时延;从协议维度看,引入新一代路由协议 SR(段路由),提供 L3 部署到边缘和灵活连接能力;从业务维度看,提供业务质量可视可管、业务路径可自动调优,打造业务智能部署、智能运维的能力。

华为 SPTN 产品提供从接入、汇聚到核心的全系列产品,包括 OptiX PTN 7900/7900E 系列、OptiX PTN 900 系列等不同场景应用产品,满足综合承载需求,支撑移动通信业务长期演进,构筑面向未来的最佳体验承载网。

3. ODF 等配线组件

光纤和网线等线缆内容已经在任务 2.1 中做过介绍,此处重点介绍 ODF。

ODF 主要用于承载网光传输系统中局端光缆的成端和分配,可方便地实现光纤线路的连接分配和调度,主要用于光缆终端的光纤熔接、光连接器的安装、光路的调接、多余尾纤的存储及光缆的保护等。ODF 对于光纤通信网络安全运行和灵活使用有着重要的作用,是承载网机房中不可或缺的部分。

ODF 根据结构的不同可分为壁挂式和机架式。壁挂式 ODF 可直接固定于墙体上，一般为箱体结构，适用于光缆条数和光纤芯数都较小的场所。机架式 ODF 可直接安装在 19 in（1 in=2.54 cm）标准机架上，适用于通信机房等较大规模光纤的应用场景。目前 ODF 产品通常采用模块化设计，根据光缆的数量和规格选择相对应的配线模块，便于网络的调整和扩容。ODF 的主要特点如下：

（1）全模块化设计，全正面化操作，可安装于 19 in 标准机架。

（2）融熔接与配线为一体，最大限度地实现高密度化。

（3）适用于带状和非带状光缆。

（4）可卡接式安装 FC、SC、ST 和 LC 等多种适配器。

（5）光缆和尾纤均具有 2 m 以上的盘储空间。

（6）常用规格包括 12/24/48/72/96/128/144 端口等。

图 2-37 所示为 ODF 在机柜中的部署，图 2-38 和图 2-39 所示分别为 12 端口和 144 端口的 ODF，图 2-40 所示为 ODF 的内部盘纤图。

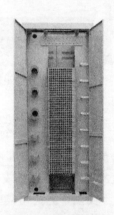

图 2-37　ODF 在机柜中的部署

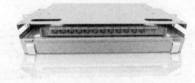

图 2-38　12 端口的 ODF

图 2-39　144 端口的 ODF

图 2-40　ODF 的内部盘纤图

任务实施

为了完成本任务，需要先根据前期的网络拓扑规划，进行 Option 3x 和 Option 2 各机房设备配置的端口规则，如表 2-5 和表 2-6 所示。

表 2-5　Option 3x 各机房设备配置端口规划

本端机房	设备	端口	对端机房	设备	端口
兴城市 B 站点机房	SPN1	100GE-1/2	兴城市 2 区汇聚机房	SPN1	100GE-6/1
兴城市 2 区汇聚机房	SPN1	100GE-6/2	兴城市骨干汇聚机房	SPN1	100GE-6/1
兴城市骨干汇聚机房	SPN1	100GE-6/2	兴城市承载中心机房	SPN1	100GE-6/1
兴城市承载中心机房	SPN1	100GE-6/2	兴城市核心网机房	SW1	100GE-18
兴城市承载中心机房	SPN1	100GE-5/1	建安市承载中心机房	SPN1	100GE-10/2

表 2-6　Option 2 各机房设备配置端口规划

本端机房	设备	端口	对端机房	设备	端口
建安市 B 站点机房	SPN1	100GE-1/1	建安市 3 区汇聚机房	SPN1	100GE-11/1
建安市 3 区汇聚机房	SPN1	100GE-10/1	建安市骨干汇聚机房	SPN1	100GE-11/1
建安市骨干汇聚机房	SPN1	100GE-10/1	建安市承载中心机房	SPN1	100GE-11/1
建安市承载中心机房	SPN1	100GE-10/1	建安市核心网机房	SW1	100GE-18
建安市承载中心机房	SPN1	100GE-10/2	兴城市承载中心机房	SPN1	100GE-5/1

1. Option 3x 承载网机房设备配置

步骤 1:选择兴城市 2 区汇聚机房。

打开 5G 全网软件的客户端,依次选择"网络配置"→"设备配置"→"承载
网"→"兴城市 2 区汇聚机房"。

步骤 2:进行兴城市 2 区汇聚机房设备安装。

进入兴城市 2 区汇聚机房,选择第二个机柜,将设备资源池中的中型 SPN 拖入机
柜,再选择第三个机柜,将设备资源池中的中型 OTN 拖入机柜,如图 2-41 和图 2-42
所示。

图 2-41　将 SPN 拖入机柜

图 2-42　将 OTN 拖入机柜

步骤 3：进行兴城市 2 区汇聚机房线缆连接。

进入兴城市 2 区汇聚机房，单击 SPN1，使用成对 LC-FC 光纤，将 SPN1 与 ODF 用 100GE-6/1 端口进行连接，对端去往兴城市 B 站点机房端口 1，完成兴城市 2 区汇聚机房与兴城市 B 站点机房的线缆连接，如图 2-43 和图 2-44 所示。

图 2-43　SPN1 侧与 ODF 的线缆连接

再次单击 SPN1，使用成对 LC-LC 光纤，选择 SPN1 的 100GE-6/2 端口与 OTN 的 OTU100GE 单板 15 槽位进行连接，如图 2-45 和图 2-46 所示。

接着在 OTN 内部根据波分复用技术原理，按照先合波再分波的原则，使用 LC-LC 光纤进行连接，如图 2-47 所示。

图 2-44　ODF 侧与 SPN1 的线缆连接

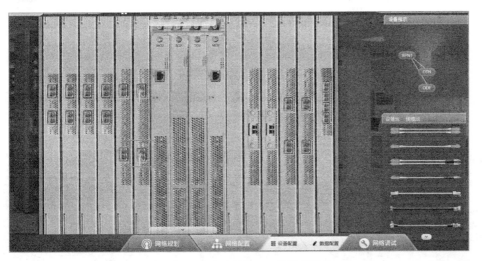

图 2-45　SPN1 侧与 OTN 的线缆连接

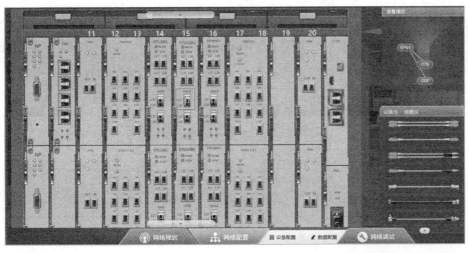

图 2-46　OTN 侧与 SPN1 的线缆连接

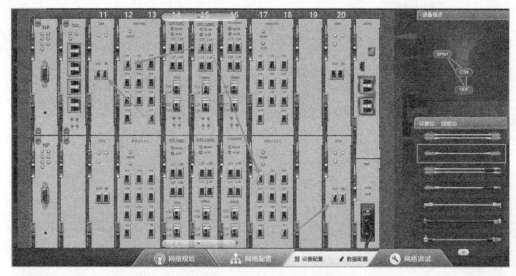

图2-47　OTN内部的线缆连接（1）

最后，使用LC-FC光纤将OTN的OBA单板OUT口与ODF对端为兴城市骨干汇聚机房端口4的T口进行连接，将OTN的OPA单板IN口与ODF对端为兴城市骨干汇聚机房端口4的R口进行连接，完成兴城市2区汇聚机房与兴城市骨干汇聚机房的单向线缆连接，如图2-48和图2-49所示。

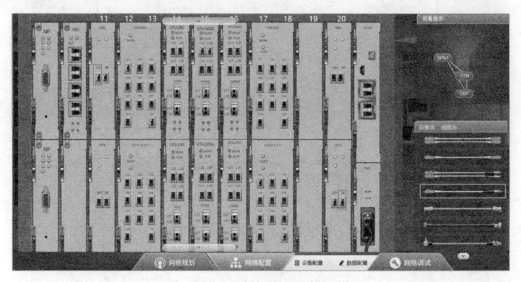

图2-48　OTN侧与ODF的线缆连接

图 2-49　ODF 侧与 OTN 的线缆连接

步骤 4:进行兴城市骨干汇聚机房设备安装与线缆连接。

进入兴城市骨干汇聚机房,选择第二个机柜,放置一个中型 OTN,再选择第三个机柜,放置一个中型 SPN,完成设备安装,如图 2-50 所示。

图 2-50　兴城市骨干汇聚机房设备安装

接着单击 SPN1,使用成对 LC–LC 光纤,选择 SPN1 的 100GE-6/1 端口与 OTN 的 OTU100GE 单板 15 槽位进行连接。在 OTN 内部根据波分复用技术原理,按照先合波再分波的原则,使用 LC–LC 光纤进行连接。最后,使用 LC–FC 光纤将 OTN 的 OBA 单板 OUT 口与 ODF 对端为兴城市 2 区汇聚机房端口 1 的 T 口进行连接,将 OTN 的 OPA 单板 IN 口与 ODF 对端为兴城市 2 区汇聚机房端口 1 的 R 口进行连接,完成兴城市骨干汇聚机房与兴城市 2 区汇聚机房的全部线缆连接,如图 2-51~图 2-53 所示。

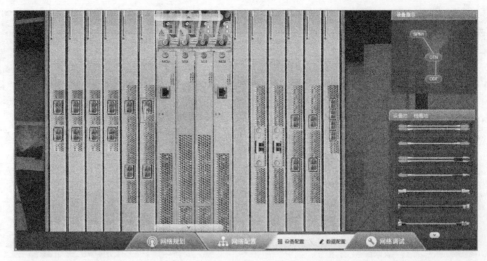

图 2-51　SPN1 与 OTN 的线缆连接（1）

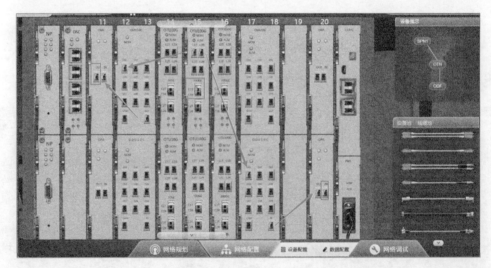

图 2-52　OTN 内部的线缆连接（2）

图 2-53　ODF 与 OTN 的线缆连接（1）

同理,使用成对 LC-LC 光纤,选择 SPN1 的 100GE-6/2 端口与 OTN 的 OTU100GE 单板 35 槽位进行连接。在 OTN 内部根据波分复用技术原理,使用 LC-LC 光纤进行连接。最后,使用 LC-FC 光纤与 ODF 对端为兴城市承载中心机房端口 6 的 T 口和 R 口进行连接,完成兴城市骨干汇聚机房与兴城市承载中心机房的单向线缆连接,如图 2-54~图 2-56 所示。

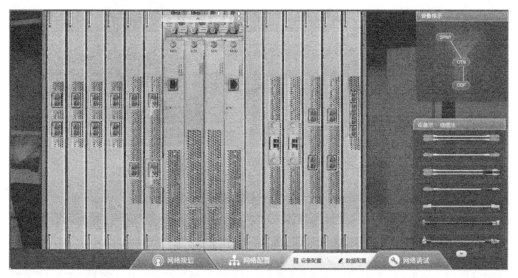

图 2-54　SPN1 与 OTN 的线缆连接(2)

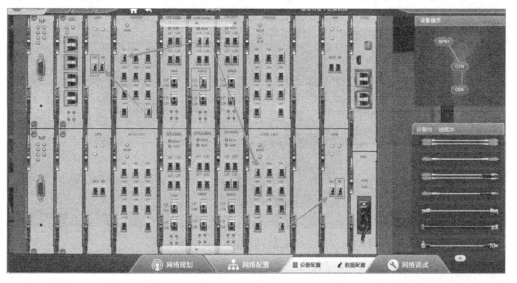

图 2-55　OTN 内部的线缆连接(3)

图 2-56 ODF 与 OTN 的线缆连接(2)

步骤 5:进行兴城市承载中心机房设备安装与线缆连接。

进入兴城市承载中心机房,选择第二个机柜,放置一个中型 OTN,再选择第三个机柜,放置一个中型 SPN,完成设备安装,如图 2-57 所示。

图 2-57 兴城市承载中心机房设备安装

接着单击 SPN1,使用成对 LC-LC 光纤,选择 SPN1 的 100GE-6/1 端口与 OTN 的 OTU100GE 单板 15 槽位进行连接。在 OTN 内部根据波分复用技术原理,使用 LC-LC 光纤进行连接。再使用 LC-FC 光纤与 ODF 对端为兴城市骨干汇聚机房端口 1 的 T 口和 R 口进行连接,完成兴城市承载中心机房与兴城市骨干汇聚机房的线缆连接。

继续单击 SPN1,使用成对 LC-LC 光纤,选择 SPN1 的 100GE-5/1 端口与 OTN 的 OTU100GE 单板 25 槽位进行连接。在 OTN 内部根据波分复用技术原理,使用 LC-LC

光纤进行连接。再使用 LC-FC 光纤与 ODF 对端为建安市承载中心机房端口 5 的 T 口和 R 口进行连接,完成兴城市承载中心机房与建安市承载中心机房的线缆连接。

最后单击 SPN1,使用成对 LC-FC 光纤,选择 SPN1 的 100GE-6/2 端口与 ODF 对端为兴城市核心网机房端口 1 的 T 口和 R 口进行连接。至此,兴城市承载中心机房内的设备线缆连接全部完成,如图 2-58~图 2-60 所示。

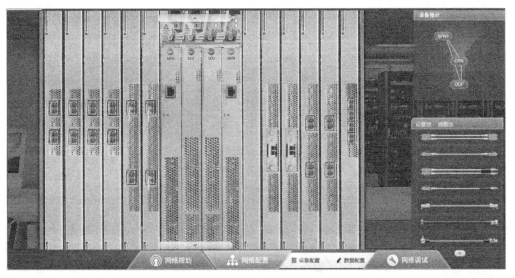

图 2-58　SPN1 线缆连接

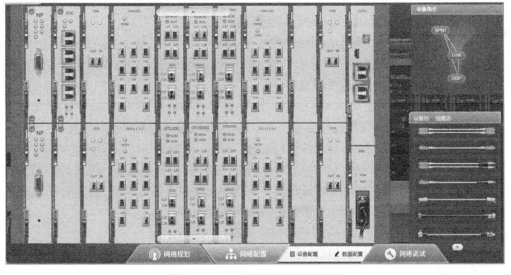

图 2-59　OTN 内部的线缆连接(4)

图 2-60   ODF 线缆连接

2. Option 2 承载网机房设备配置

步骤 1:选择建安市 3 区汇聚机房。

打开 5G 全网软件的客户端,依次选择 "网络配置"→"设备配置"→"承载网"→"建安市 3 区汇聚机房"。

步骤 2:进行建安市 3 区汇聚机房设备安装。

进入建安市 3 区汇聚机房,选择第二个机柜,将设备资源池中的大型 SPN 拖入机柜,再选择第三个机柜,将设备资源池中的大型 OTN 拖入机柜。

步骤 3:进行建安市 3 区汇聚机房线缆连接。

进入建安市 3 区汇聚机房,单击 SPN1,使用成对 LC-FC 光纤,将 SPN1 与 ODF 用 100GE-11/1 端口进行连接,对端去往建安市 B 站点机房端口 1,完成建安市 3 区汇聚机房与建安市 B 站点机房的线缆连接。

再次单击 SPN1,使用成对 LC-LC 光纤,选择 SPN1 的 100GE-10/1 端口与 OTN 的 OTU100GE 单板 14 槽位进行连接。在 OTN 内部根据波分复用技术原理,按照先合波再分波的原则,使用 LC-LC 光纤进行连接。最后,使用 LC-FC 光纤将 OTN 的 OBA 单板 OUT 口与 ODF 对端为建安市骨干汇聚机房端口 5 的 T 口进行连接,将 OTN 的 OPA 单板 IN 口与 ODF 对端为建安市骨干汇聚机房端口 5 的 R 口进行连接,完成建安市 3 区汇聚机房与建安市骨干汇聚机房的单向线缆连接。

步骤 4:进行建安市骨干汇聚机房设备安装与线缆连接。

进入建安市骨干汇聚机房,选择第二个机柜,放置一个大型 OTN,再选择第三个机柜,放置一个大型 SPN,完成设备安装。

接着单击 SPN1,使用成对 LC-LC 光纤,选择 SPN1 的 100GE-11/1 端口与 OTN 的 OTU100GE 单板 14 槽位进行连接。在 OTN 内部根据波分复用技术原理,按照先合波再分波的原则,使用 LC-LC 光纤进行连接。最后,使用 LC-FC 光纤将 OTN 的 OBA 单板 OUT 口与 ODF 对端为建安市 3 区汇聚机房端口 1 的 T 口进行连接,将 OTN 的 OPA 单板 IN 口与 ODF 对端为建安市 3 区汇聚机房端口 1 的 R 口进行连接,完成建安市骨干汇聚机房与建安市 3 区汇聚机房的全部线缆连接。

同理,使用成对 LC-LC 光纤,选择 SPN1 的 100GE-10/1 端口与 OTN 的 OTU100GE 单板 24 槽位进行连接。在 OTN 内部根据波分复用技术原理,使用 LC-LC 光纤进行连接。最后,使用 LC-FC 光纤与 ODF 对端为建安市承载中心机房端口 6 的 T 口和 R 口进行连接,完成建安市骨干汇聚机房与建安市承载中心机房的单向线缆连接。

步骤 5:进行建安市承载中心机房设备安装与线缆连接。

进入建安市承载中心机房,选择第二个机柜,放置一个大型 OTN,再选择第三个机柜,放置一个大型 SPN,完成设备安装。

接着单击 SPN1,使用成对 LC-LC 光纤,选择 SPN1 的 100GE-11/1 端口与 OTN 的 OTU100GE 单板 14 槽位进行连接。在 OTN 内部根据波分复用技术原理,使用 LC-LC 光纤进行连接。再使用 LC-FC 光纤与 ODF 对端为建安市骨干汇聚机房端口 1 的 T 口和 R 口进行连接,完成建安市承载中心机房与建安市骨干汇聚机房的线缆连接。

继续单击 SPN1,使用成对 LC-LC 光纤,选择 SPN1 的 100GE-10/2 端口与 OTN 的 OTU100GE 单板 24 槽位进行连接。在 OTN 内部根据波分复用技术原理,使用 LC-LC 光纤进行连接。再使用 LC-FC 光纤与 ODF 对端为兴城市承载中心机房端口 2 的 T 口和 R 口进行连接,完成建安市承载中心机房与兴城市承载中心机房的线缆连接。

最后单击 SPN1,使用成对 LC-FC 光纤,选择 SPN1 的 100GE-10/1 端口与 ODF 对端为建安市核心网机房端口 1 的 T 口和 R 口进行连接。至此,建安市承载中心机房内的设备线缆连接全部完成。

任务拓展

思考一下,同机房内的 SPN1 和 SPN2 之间应该怎么连接?

任务测验

一、单选题

1. OTN 与 ODF 进行连接时使用的线缆是(　　　)。

    A. 成对 LC-LC 光纤　　　　　　　　　B. LC-LC 光纤

    C. 成对 LC-FC 光纤　　　　　　　　　D. LC-FC 光纤

2. SPN 与 OTN 进行连接时使用的线缆是(　　　)。

    A. 成对 LC-LC 光纤　　　　　　　　　B. LC-LC 光纤

    C. 成对 LC-FC 光纤　　　　　　　　　D. LC-FC 光纤

3. OTN 内部进行连接时使用的线缆是(　　　)。

    A. 成对 LC-LC 光纤　　　　　　　　　B. LC-LC 光纤

    C. 成对 LC-FC 光纤　　　　　　　　　D. LC-FC 光纤

二、简答题

1. OTN 的定义及功能是什么?

2. SPN 的定义及功能是什么?

答案

任务 2.3 测验答案

项目总结

本项目介绍了 5G 机房设备的基本配置,重点讲解了 5G 核心网机房设备配置、5G 站点机房设备配置和 5G 承载网机房设备配置。通过本项目,可掌握 5G 机房设备配置的全流程。

本项目学习的重点主要是:各机房设备的放置;各设备间线缆的连接。

本项目学习的难点主要是:OTN 内部的线缆连接。

赛事模拟

【节选自 2021 年全国职业院校技能大赛"5G 全网建设技术"赛项国赛赛题】

结合 5G 时代发展需要,兴城市计划在原有 4G 网络基础上部署 5G 网络,为节约建设成本,兴城市和建安市采用 Option 3x 网络架构,目前该区域已经完成一部分网络建设工作,尚未完工。请基于系统当前数据,继续完善补全无线网、核心网、承载网的设备部署及数据配置,并结合规划设计和调测工具,完成以下任务:在工程模式下实现兴城市 JAB1、JAB2、JAB3、JAC1、JAC2、JAC3,建安市 XCB1、XCB2、XCB3 共 9 个小区的终端业务正常。

补充说明:

(1)合理部署并完成各机房中设备及连线。

(2)合理规划数据并完善数据配置。

(3)不能对已有的网络数据做任何改动,如果改动已有的数据,系统后台会告警并自动扣分。

(4)业务验证任务以工程模式下的 JAB1、JAB2、JAB3、JAC1、JAC2、JAC3、XCB1、XCB2、XCB3 共 9 个小区的终端业务正常为验收指标。终端业务正常指在该小区下,终端正常接入网络且业务成功。

【解析】

此题属于完善题,重点考查学生对设备选型、设备部署,以及数据之间关系的理解情况,看其能否在部分已知数据的基础上,补全其余数据并进行开通调试,完成定点业务调试与优化。

项目 **3**

建设 5G 非独立组网模式
（ Option 3x ）

☑ 项目引入

　　5G 网络业务开通调试是 5G 网络建设的关键节点。为了在建网初期快速完成网络部署，并在非连续组网下获得较好的业务感知，5G 的组网形态中新增了一种组网方式，即 NSA。Option 3x 以 LTE eNB 作为控制面锚点接入 EPC，将 5G NR 作为数据汇聚和分发点，充分利用 5G NR 设备处理能力更强的优势，便捷提升网络处理能力。

　　本项目将完成 NSA 下 Option 3x 网络开通配置流程。通过此项目，可以了解 5G 网络开通调试的基本概念和基本流程，加深对 5G 网络建设的理解。

☑ 知识图谱

　　本项目知识图谱如图 3-1 所示。

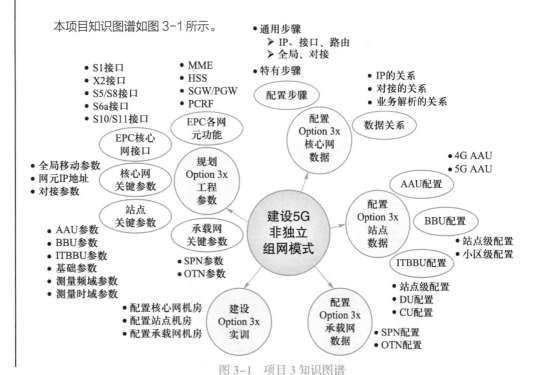

图 3-1　项目 3 知识图谱

☑ 项目目标

➢ 知识目标
- 掌握 5G 网络开通调试的基本概念。
- 掌握 5G 网络开通调试的基本参数。
- 掌握 5G 网络开通调试的基本流程。

➢ 能力目标
- 具备作为网络开通人员进行网络开通配置的能力。
- 具备作为网络开通人员进行网络对接调试的能力。

➢ 素养目标
- 具有科学精神和科学态度。
- 具有团队协作、团队互助等意识。

➢ "5G 移动网络运维" 职业技能等级证书考点
- （初级）达到网络维护模块中单站开通业务测试要求。
- （中级）达到网络维护模块中网络对接及专项作业实施要求。
- （高级）达到网络维护模块中核心网调试及全网对接要求。

任务 3.1　规划 Option 3x 工程参数

任务描述

本任务在前期 5G 机房设备部署完成的情况下,进行 Option 3x 工程参数的规划,包括 Option 3x 核心网网元的 IP 地址、无线站点网元的 IP 地址、核心网网元的网关 IP 地址、全局参数、5G NR 小区参数、LTE 4G 小区参数等的规划。

通过本任务,可以了解 Option 3x 工程参数规划的基本内容,加深对 Option 3x 工程参数的理解。

任务准备

为了完成本任务,需要做以下知识准备:

(1)了解 EPC 核心网各网元功能。

(2)了解 Option 3x 核心网接口。

(3)熟悉核心网全局移动参数及各类关键参数。

(4)熟悉站点关键参数。

(5)掌握承载网关键参数。

1. EPC 核心网各网元功能

微课
Option 3x 网络特征

以 Option 3x 为例,其核心网是 4G 核心网 EPC,主要由 MME、SGW、PGW、HSS 和 PCRF 等组成,其中 SGW 和 PGW 逻辑上分设,物理上可以合设,也可以分设。

在运营商网络中,MME 主要负责移动性管理、信令处理等功能,不需要转发媒体数据,对传输带宽要求较低。MME 与 eNB 之间采用 IP 方式连接,不存在传输带宽瓶颈和传输电路调度困难的问题。SGW 负责媒体流处理及转发等功能。PGW 则仍承担 GGSN 的职能。HSS 的职能与 HLR 类似,但功能有所增强。新增的 PCRF 主要负责计费、QoS 等策略。

另外,基于 4G 核心网 EPC 的 4G 与 5G 双连接架构是在原有 4G 覆盖的基础上增加 5G NR 新覆盖,5G 无线网通过 4G LTE 网络融合到 4G 核心网,融合的锚点在 4G 无线网,但控制面依然继承原有的 4G。LTE eNB 与 NR gNB 采用双连接的形式为用户提供高数据速率服务。

Option 3x 架构中所有的控制面信令都经由 eNB 转发,用户面经由 5G 基站连接到 EPC,gNB 可将数据分流至 eNB。

5G 基站重构之后,分为了 CU 和 DU 两部分。CU 又逻辑分出了控制面 CUCP 和用户面 CUUP。因此,Option 3x 网络结构如图 3-2 所示。

下面详细介绍 EPC 各网元的功能。

(1)MME 为控制面功能实体,负责移动性管理、承载管理、用户的鉴权认证、SGW 和 PGW 的选择等。

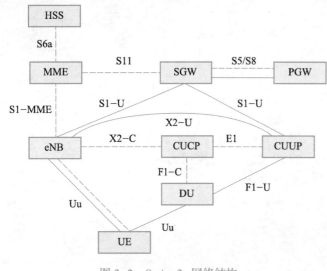

图 3-2　Option 3x 网络结构

（2）HSS 为归属用户服务器,负责存储并管理用户签约数据,包括用户鉴权信息、位置信息及路由信息。

（3）SGW 为服务网关,为用户面实体,负责用户面数据路由处理,终结处于空闲状态的 UE 的下行数据,管理和存储 UE 的承载信息。

（4）PGW 为分组数据网网关,是负责 UE 接入 PDN 的网关,分配用户 IP 地址,同时是 3GPP 和非 3GPP 接入系统的移动性锚点。用户在同一时刻能够接入多个 PGW。

（5）PCRF 为策略和计费规则功能实体,负责根据业务信息、用户签约信息和运营商的配置信息产生控制用户数据传递的 QoS 规则和计费规则。

2. Option 3x 核心网接口

EPC 架构中各功能实体间的接口协议均采用基于 IP 的协议,部分接口协议是由 2G/3G 分组域标准演进而来的,如 E-UTRAN 与 MME 间的 S1-MME 接口、E-UTRAN 与 SGW 间的 S1-U 接口、SGW 与 PGW 间的 S5/S8 接口。部分协议是新增的,如 MME 与 HSS 间的 S6a 接口的 Diameter 协议。

UE 连接的 LTE eNB 为主节点（master node,MN）,NR gNB 为辅节点（secondary node,SN）;eNB 或 gNB 通过 S1 接口连接到 EPC,eNB 与 gNB 通过 X2 接口进行连接。各逻辑接口功能如表 3-1 所示。

表 3-1　各逻辑接口功能

接口名称	连接网元	接口功能描述	主要协议
S1	eNB-MME 或 eNB（gNB）-SGW	在基站与 MME 或 SGW 间传递控制面或用户面数据。S1-MME 用于在 eNB 与 MME 间传送会话管理（SM）和移动性管理（MM）信息,即信令面或控制面信息。S1-U 用于在 eNB（gNB）与 SGW 间建立隧道,传送用户数据业务,即用户面数据	S1-AP GTP-U
X2	eNB-eNB（gNB）	在基站间传递控制面和用户面数据	X2-AP GTP-U
S5	SGW-PGW	在 GW 间建立隧道,传送用户面数据和控制面信息（设备内部接口）	GTPV2-C GTP-U
S8	SGW-PGW	漫游时,归属网络 PGW 和拜访网络 SGW 之间的接口,传送控制面和用户面数据	GTPV2-C GTP-U
S6a	MME-HSS	完成用户位置信息的交换和用户签约信息的管理,传送控制面信息	Diameter
S10	MME-MME	在 MME 间建立隧道,传送信令,组成 MME 池（pool）,传送控制面数据	GTPV2-C
S11	MME-SGW	在 MME 和 GW 间建立隧道,传送控制面数据	GTPV2-C

3. 核心网关键参数

EPC 核心网的主要参数包括以下几类:

1）全局移动参数

全局移动参数是在整个移动网络中统一规划的参数,在全局各处都要保持与规划一致,主要包括移动国家码、移动网络码、国家码、国家目的码、MME 群组 ID、MME 代码、APN（接入点名称）等信息,如表 3-2 所示。

表 3-2　全局移动参数

参数名称	参数说明
移动国家码（MCC）	根据实际填写,如中国的移动国家码为 460
移动网络码（MNC）	根据运营商的实际情况填写
国家码（CC）	根据实际填写,如中国的国家码为 86
国家目的码（NDC）	根据运营商的实际情况填写
MME 群组 ID	在网络中标识一个 MME 群组,MME 群组 ID 规划需要全网唯一
MME 代码	在 MME 群组中唯一标识一个 MME,根据网络规划确定
APN	由网络标识和运营商标识组成

2）各网元的 IP 地址

4G EPC 中各网元都需要规划接口地址和业务地址两类地址。

接口地址是实际使用的物理接口配置的 IP 地址,因此也称为物理地址,其作用是完成与其他设备的路由及数据转发。IP 网络的下一跳地址通常为站点路由器/交换机,接口地址的掩码至少是 30 位掩码,最少保障两个设备有可用的直连地址,完成设备间点对点的通信,并且设备间多个接口不能在同一个网段。

微课
Option 3x 核心网数据规划

业务地址是为了完成和远端节点应用层端到端的通信而配置的地址,也称为逻辑地址。例如,MME 与 eNB、SGW、HSS 都有逻辑接口,因此 MME 要配置三个业务地址。业务地址一般规划为 32 位掩码。每一个设备的业务地址网段不可重复。

3）各类对接参数

在 EPC 中,各网元间通过逻辑接口采用不同的协议对接。

微课
Option 3x 模式配置数据关系

例如,MME 通过 S1-MME 接口与 eNB 连接。S1-MME 接口用来传送 MME 和 eNB 之间的信令和用户数据。MME 通过 S1-MME 接口实现承载管理、上下文管理、切换、寻呼等功能。MME 与 eNB 之间的 S1-AP 协议是在 SCTP（流控制传输协议）之上实现的。

MME 通过 S6a 接口与 HSS 连接,实现位置更新、用户数据管理、鉴权信息获取、HSS 重置等功能。MME 与 HSS 之间采用 Diameter 协议。

对接前要规划好双方的逻辑 IP 以及逻辑端口。

4. 站点关键参数

1）AAU 参数

在 AAU 的射频配置中,需要配置 AAU 的支持频段范围以及 AAU 的收发模式。AAU 的支持频段范围需要包含在对应的小区频率范围内;AAU 的收发模式有 4T4R、

8T8R、16T16R、32T32R、64T64R 可供选择，可根据需要进行配置。

2）BBU 参数

（1）基本参数配置：包括网元管理配置、4G 物理参数配置以及 BBU 的 IP 配置。

① 网元管理配置：需要配置基站标识、无线制式、移动国家码、移动网络码、时钟同步模式、NSA 共框标识。

② 4G 物理参数配置：需要配置 AAU 链路光口使能、承载网链路端口。

③ BBU 的 IP 配置：需要配置 IP 地址、掩码、网关。

（2）无线参数配置：包括 eNodeB 配置、TDD 小区配置（也可配置 FDD 小区）、NR 邻接小区配置、邻接关系表配置。

① eNodeB 配置：需要配置网元 ID、eNodeB 标识、业务类型 QCI 编号、双连接承载类型。

② TDD 小区配置：需要配置小区标识、小区 eNodeB 标识、AAU、跟踪区码（TAC）、物理小区识别码（PCI）、小区参考信号功率、频段指示、中心载频、小区的频域带宽、是否支持 VOLTE。

③ NR 邻接小区配置：需要配置邻接 DU 标识、邻接 DU 小区标识、PLMN、跟踪区码、物理小区识别码、NR 邻接小区频段指示、NR 邻接小区的中心载频、NR 邻接小区的频域带宽、添加 NR 辅节点事件。

④ 邻接关系表配置：需要配置本地小区标识、FDD 邻接小区、TDD 邻接小区、NR 邻接小区。

3）ITBBU 参数

（1）基本参数配置：包括 NR 网元管理配置和 5G 物理参数配置。

① NR 网元管理配置：需要配置网元类型、基站标识、PLMN（公共陆地移动网）、网络模式、时钟同步模式、NSA 共框标识、网络制式。

② 5G 物理参数配置：需要配置 AAU 链路光口使能、承载网链路端口。

（2）DU 配置：包括 DU 对接配置、DU 功能配置、物理信道配置、测量与定时器开关配置。

① DU 对接配置：需要配置以太网接口、IP、SCTP。

② DU 功能配置：需要配置 DU 管理、QoS 业务、RLC、扇区载波、DU 小区、接纳控制、BWPUL 参数、BWPDL 参数。

③ 物理信道配置：需要配置 PUCCH、PUSCH、PRACH、SRS 公用参数。

④ 测量与定时器开关配置：需要配置 RSRP 测量、小区业务参数、UE 定时器。

（3）CU 配置：包括 gNBCUCP 功能配置和 gNBCUUP 功能配置。

① gNBCUCP 功能配置：需要配置 CU 管理、IP、SCTP、静态路由、CU 小区。

② gNBCUUP 功能配置：需要配置 IP、SCTP、静态路由。

4）基础参数

5G 中 gNB 通过统一的基站标识进行站点统一管理。gNB 进一步分成 CU 和 DU 两部分，CU 中有 CUCP 标识和 CUUP 标识，DU 中有 DU 标识。此处以 1 个 CUCP 对应 1 个 CUUP 的简单模型为例，通过统一的 CU 标识代表 CUCP 和 CUUP。此外，根据 CU 和 DU 的对应关系，存在 CU 小区和 DU 小区，1 个 CU 小区可控制多个 DU 小区，

CU 小区和 DU 小区间通过 CU 小区标识和 DU 小区标识进行关联。

5G 中 PCI 共 1 008 个,计算方式与 LTE 类似,4G 中 PCI 共 504 个。LTE 要求 PCI mod3 错开的主要原因之一是 LTE 采用公共 CRS(小区参考信号),相邻小区为规避下行信号测量时相互的导频干扰影响,通过对 PCI 进行 mod3 来确定 CRS 在频率上的起始子载波,以使相邻小区在频率上错开 CRS 位置。

虽然 5G 中不再采用 CRS 作为信道评估,但由于部分算法特性需要基于 PCI 进行,因此 5G 中 PCI 的规划仍然要小心进行,要避免 mod3、mod30、mod4 的值相同,即避免所谓的"模 3、模 30、模 4 干扰"。这是因为模 3 干扰会影响 PSS(主同步信号)的解调,模 30 干扰会造成 DMRS(解调参考信号)所采用的 ZC 序列根组的干扰,模 4 干扰会造成 SSB(辅同步信号块)中 PBCH(物理广播信道)DMRS 的位置的干扰。

在进行 TAC 与 RNA(基于 RAN 的通知区域)规划时,需综合考虑包含的范围与小区数目,1 个 TAC 或 RNA 中包含的小区数目太大,会导致寻呼信道拥塞,太小则会导致频繁位置更新,加大系统信令通道负荷。

在进行 PRACH 规划时,每个小区的 PRACH 序列是由 PRACH 根序列索引号和起始逻辑根序列共同决定的。每个小区需要保证 64 个 Preamble 码(前导码),Preamble 码通过逻辑根序列循环移位产生。为保证不同小区的 Preamble 码差异,一定范围内不同小区的 PRACH 根序列不能相同。

5)测量频域参数

5G NR 中,存在中心频点、SSB 测量频点、Point A 频点三种频点类型,与系统带宽共同确定 5G 系统的频域位置与频域宽度,三者的关联如图 3-3 所示。

由于 SSB 带宽要求最小 20 个 RB,因此 SSB 所在 DL BWP 的 RB 数应大于或等于 20。中心频点的位置与系统带宽有关,中心频点所在 RB 为

$$n_{\mathrm{PRB}} = \left\lfloor \frac{N_{\mathrm{RB}}}{2} \right\rfloor$$

式中,n_{PRB} 为中心频点所在 RB 编号;N_{RB} 为系统总的 RB 个数。当 N_{RB} mode2 为 0 时,中心频点位于 n_{PRB} 的 0 号子载波;当 N_{RB} mode2 为 1 时,中心频点位于 n_{PRB} 的 6 号子载波。在进行频点配置时,一般配置为绝对频点(ARFCN),绝对频点 N_{REF} 与实际频点 F_{REF} 的转换关系为

$$F_{\mathrm{REF}} = F_{\mathrm{REF-Offs}} + \Delta F_{\mathrm{Global}} (N_{\mathrm{REF}} - N_{\mathrm{REF-Offs}})$$

进行频点转换时,需考虑频段属性(FR1 或 FR2)选择对应的参数,如表 3-3 所示。

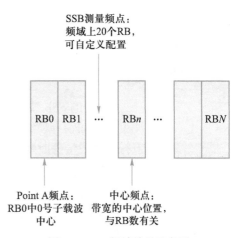

图 3-3　5G 频域关系示意图

表 3-3　5G 绝对频点与实际频点转换

频段/MHz	$\Delta F_{\mathrm{Global}}$/kHz	$F_{\mathrm{REF-Offs}}$/MHz	$N_{\mathrm{REF-Offs}}$	N_{REF} 的范围
0~3 000	5	0	0	0~599 999
3 000~24 250	15	3 000	600 000	600 000~2 016 666

5G 频段分为 FR1 频段与 FR2 频段两个频段范围，FR1 为 sub-6G，FR2 通常指的是毫米波。我国运营商的 NSA 与 SA 商用局点多为 FR1 低频段，常用 n28（广电）、n41（移动）、n77（电信、联通）、n78（电信、联通）、n79（移动）频段。在进行频段规划时，需注意频段指示与 ARFCN 的对应，并保证频率步长满足标准要求。

6）测量时域参数

任务 1.2→"任务准备"→"4.5 G 无线容量估算"中提到，5G NR 采用了灵活的时域资源配置，最小的调度单位与 4G 相比也进一步细化到了时隙（slot）、微时隙（mini slot），因此在调度上以时隙符号数为循环周期，进行时域上资源发送。在 TDD 制式中，5G 系统通过不同时间发送上行、下行与特殊时隙来进行 UE 与基站之间的信号交互。上行、下行配置的适用周期（P）根据相关参数集变化。TDD 系统中可选择配置双周期，当第二个帧周期配置使能时，系统按照双周期进行调度。下行时隙中所有符号为下行符号，上行时隙中所有符号为上行符号，特殊时隙中可配置上行、下行与 GP 符号。帧周期与时隙个数的对应关系如表 3-4 所示。

表 3-4　帧周期与时隙个数的对应关系

P/ms	单周期内时隙个数				
	$\mu=0$	$\mu=1$	$\mu=2$	$\mu=3$	$\mu=4$
0.5	—	1	2	3	5
0.625	—	—	—	5	—
1.25	—	—	5	10	—
2.5	—	5	10	20	40
5	5	10	20	40	80
10	10	20	40	80	160

NR 中的 SSB 波束在低频时最多有 8 个，在高频时最多有 64 个，基站发送的具体波束个数和物理帧结构与 SSB 采用的时域场景有关。SSB 占用 4 个时域符号，只能在下行时隙或特殊时隙的下行符号中发送。

5. 承载网关键参数

1）SPN 参数

（1）物理接口配置：需要配置接口 IP、子网掩码。

（2）FlexE 配置：需要配置 FlexEGroup、FlexEClient、FlexE 交叉。

（3）逻辑接口配置：需要配置 loopback 接口、子接口、FlexEVE 接口、FlexEVE 子接口。

（4）静态路由配置：需要配置目的地址、子网掩码、下一跳、优先级。

（5）OSPF 路由配置：需要配置 OSPF 全局、OSPF 接口。

2）OTN 参数

（1）电交叉配置：需要配置电交叉单板、时隙。

（2）频率配置：需要配置单板、槽位、接口、频率。

任务实施

为了完成本任务,需要进行 Option 3x 设备网元统计,以及核心网网元的 IP 地址、无线站点网元的 IP 地址、全局移动参数、5G NR 小区参数、4G LTE 小区参数等的规划。

1. Option 3x 设备网元统计

由表 3–5 可知,需要进行 IP 地址规划的无线侧网元有 BBU、DU、CUCP、CUUP,需要进行 IP 地址规划的核心网网元有 MME、SGW、PGW、HSS 及 SW。

表 3–5 Option 3x 设备网元统计

无线侧网元	核心网网元
BBU	MME
DU	SGW
CUCP	PGW
CUUP	HSS
	SW

2. 核心网网元的 IP 地址规划

步骤 1:MME 网元的 IP 地址规划。

核心网网元的 IP 地址规划包括接口地址规划和业务地址规划。接口地址也称为物理地址,业务地址也称为逻辑地址。业务地址是虚拟的链路,用于配置各类业务地址、各种对接关系,以及路由的目的地址。MME 网元的 IP 地址规划如表 3–6 所示,包括 1 个接口地址和 4 个业务地址,以及各自的掩码。

表 3–6 MME 网元的 IP 地址规划

接口地址	IP 地址	业务地址	IP 地址
物理接口	10.1.1.1/24	S10 GTP–C	1.1.1.10/32
		S11 GTP–C	
		S1–MME	1.1.1.1/32
		Sba	1.1.1.6/32

步骤 2:SGW、PGW 和 HSS 网元的 IP 地址规划。

参照 MME 网元的 IP 地址规划原则,可规划 SGW、PGW 和 HSS 网元的接口地址和业务地址,如表 3–7 所示。

表 3–7 SGW、PGW 和 HSS 网元的 IP 地址规划

网元名称	物理接口 IP 地址	业务地址	IP 地址
SGW	10.1.1.3/24	S5/S8 GTP–C	3.3.3.5/32
		S5/S8 GTP–U	3.3.3.8/32
		S11 GTP–C	3.3.3.10/32
		S1–U GTP–U	3.3.3.1/32

续表

网元名称	物理接口 IP 地址	业务地址	IP 地址
PGW	10.1.1.4/24	S5/S8 GTP-C	4.4.4.5/32
		S5/S8 GTP-U	4.4.4.8/32
HSS	10.1.1.2/24	S6a	2.2.2.6/32

步骤 3：核心网网元的网关 IP 地址规划。

将规划的网关 IP 配置在 SW 上。网关要与各网元的接口地址在同一网段，本书为了简化，将四个网元的接口地址都设置在同一网段，将网关地址都设置为同一地址，如表 3-8 所示。

表 3-8   核心网网元的网关 IP 地址规划

网元名称	接口地址	网元名称	网关地址
MME	10.1.1.1/24	SW	10.1.1.10/24
SGW	10.1.1.3/24	SW	10.1.1.10/24
PGW	10.1.1.4/24	SW	10.1.1.10/24
HSS	10.1.1.2/24	SW	10.1.1.10/24

3. 无线站点网元的 IP 地址规划

无线站点网元的 IP 地址、网关及 VPN 规划如表 3-9 所示。

表 3-9   无线站点网元的 IP 地址、网关及 VPN 规划

网元名称	接口地址	网元名称	网关地址	VLAN ID
BBU	11.11.11.11/24	SPN	11.11.11.1/24	11
DU	22.22.22.22/24	SPN	22.22.22.1/24	22
CUCP	33.33.33.33/24	SPN	33.33.33.1/24	33
CUUP	44.44.44.44/24	SPN	44.44.44.1/24	44

4. 全局移动参数规划

全局移动参数包括移动国家码、移动网络码、国家码、国家目的码、APN，参数说明见表 3-2，表 3-10 所示为全局移动参数规划。

表 3-10   全局移动参数规划

名称	移动国家码	移动网络码	国家码	国家目的码	APN
参数	460	11	86	188	test

5. 5G NR 小区参数规划

5G NR 小区参数包括 AAU 频段范围、基站标识、DU 标识、CU 标识、TAC、PCI、频段指示、下行中心载频、下行 Point A 频点、上行 Point A 频点、系统带宽、SSB 测量频点、

测量子载波间隔、系统子载波间隔、小区 RE 参考功率、UE 最大发射功率、小区属性等。

表 3-11~表 3-14 所示为 5G NR 小区参数规划，表 3-15 给出了其中重要参数的说明。

表 3-11　5G NR 小区参数规划（1）

AAU 频段范围	基站标识	DU 标识	CU 标识
3 400~3 800 MHz	1	1	1

表 3-12　5G NR 小区参数规划（2）

DU 小区	小区 ID	TAC	PCI	频段指示	下行中心载频	下行 Point A 频点	上行 Point A 频点
小区 1	1		4				
小区 2	2	1122	5	78	630 000	626 724	626 724
小区 3	3		6				

表 3-13　5G NR 小区参数规划（3）

系统带宽/频域带宽（RB 数）	SSB 测量频点	测量子载波间隔/kHz	系统子载波间隔/kHz	小区 RE 参考功率/0.1 dBm	UE 最大发射功率/dBm	实际频段（NR 邻接小区的中心载频）/MHz
273	630 000	30	30	156	23	3 450

表 3-14　5G NR 小区参数规划（4）

CU 标识	CU 小区	小区 ID	小区属性	小区类型
1	小区 1	1		
1	小区 2	2	低频	宏小区
1	小区 3	3		

表 3-15　参 数 说 明

参数名称	参数说明
基站标识	此基站在该网络中的标识
TAC	用来进行寻呼和位置更新的区域
PCI	物理小区标识
测量子载波间隔	SSB 的测量子载波间隔
系统子载波间隔	5G 系统的子载波间隔

6. 4G LTE 小区参数规划

4G LTE 小区参数包括 AAU 频段范围、AAU 收发模式、基站标识、无线制式、时钟同步模式、TAC、PCI、频段指示、中心载频、小区频域带宽、小区参考信号功率等。表 3-16 和表 3-17 所示为 4G LTE 小区参数规划。

表 3-16　4G LTE 小区参数规划（1）

AAU 频段范围	AAU 收发模式	基站标识/eNodeB 标识	无线制式	时钟同步模式	NSA 共框标识
3 400~3 800 MHz	64T64R	1	TD-LTE	相位同步	1

表 3-17　4G LTE 小区参数规划（2）

小区	小区标识	TAC	PCI	频段指示	中心载频/MHz	小区频域带宽/MHz	小区参考信号功率/dBm
小区 1	1		1				
小区 2	2	1122	2	42	3 450	20	23
小区 3	3		3				

7. 对接端口规划

在数据配置中需要进行对接链路的配置，此时需要预先规划好对接端口，不能重复。图 3-4 所示为 Option 3x 对接端口规划，数字代表对接端口号。

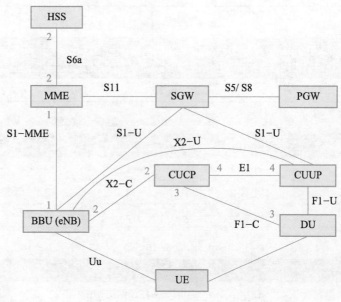

图 3-4　Option 3x 对接端口规划

8. 承载网参数规划

承载网参数包括 SPN 设备端口、接口 IP、OTN 设备端口、频率等。表 3-18 所示为承载网参数规划。

表 3-18　承载网参数规划

IP 承载网数据规划		光承载网数据规划	
设备名称	端口及 IP 地址	设备名称	单板/槽位/接口/频率
兴城市 核心网机房	SW1 100GE/18：192.168.10.1/30	—	—
兴城市 承载中心机房	SPN1 100GE-6/1：192.168.11.1/30 100GE-6/2：192.168.10.2/30	兴城市 承载中心机房 OTN	OTU100G/15/L1T/CH1--192.1THz

续表

IP 承载网数据规划		光承载网数据规划	
设备名称	端口及 IP 地址	设备名称	单板/槽位/接口/频率
兴城市 骨干汇聚机房	SPN1 100GE-6/1：192.168.12.1/30 100GE-6/2：192.168.11.2/30	兴城市 骨干汇聚机房 OTN	OTU100G/15/L1T/CH1--192.1THz OTU100G/35/L1T/CH1--192.1THz
兴城市 2 区汇聚机房	SPN1 100GE-6/1：192.168.13.1/30 100GE-6/2：192.168.12.2/30	兴城市 2 区汇聚机房 OTN	OTU100G/15/L1T/CH1--192.1THz
兴城市 2 区 B 站点机房	SPN1 100GE-1/2：192.168.13.2/30	—	—

任务拓展

　　思考一下, Option 3x 在无线侧的参数规划中, 5G NR 小区与 4G LTE 小区的哪些参数需要保持一致?

任务测验

一、选择题

答案
任务 3.1 测验答案

1. PLMN 由全局移动参数中的（　　）组成。
   A. 移动国家码（MCC）　　　　　　B. 移动网络码（MNC）
   C. 国家目的码（NDC）　　　　　　D. APN
2. 网元之间通信的业务地址, 如 MME 与 SGW 的 S11 接口的业务地址一般规划为（　　）位掩码。
   A. 24　　　　　　　　　　　　　B. 28
   C. 30　　　　　　　　　　　　　D. 32
3. 网元的接口地址掩码至少为（　　）位。
   A. 24　　　　　　　　　　　　　B. 28
   C. 30　　　　　　　　　　　　　D. 32
4. 以 Option 3x 为例, 核心网网元 MME 与无线网设备 BBU 对接的接口是（　　）。
   A. S1-MME　　　　　　　　　　B. S11
   C. S6a　　　　　　　　　　　　D. S1-U

二、简答题

简述 EPC 各个网元 MME、SGW、PGW 和 HSS 的定义。

任务 3.2　配置 Option 3x 核心网数据

任务描述

本任务在前期 5G 机房设备部署及 Option 3x 工程参数规划完成的情况下，进行 Option 3x 核心网数据配置，包括 MME 网元、SGW 网元、PGW 网元、HSS 网元及 SW 的数据配置。

通过本任务，可以了解 Option 3x 核心网数据配置的基本内容和基本流程，加深对 Option 3x 核心网网元数据配置的理解。

任务准备

微课

Option 3x 核心网配置

为了完成本任务，需要做以下知识准备：

（1）掌握 EPC 核心网数据配置流程。

（2）掌握 EPC 核心网各网元间的对接关系。

1. EPC 核心网数据配置流程

图 3-5 所示为 EPC 核心网数据配置流程。

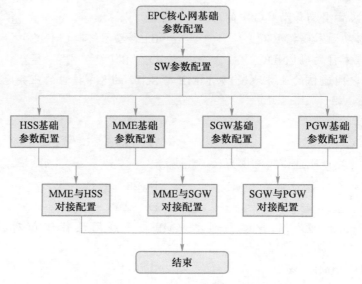

图 3-5　EPC 核心网数据配置流程

2. EPC 核心网各网元间的对接关系

EPC 核心网需要部署的网元包括 MME、SGW、PGW 及 HSS。MME 主要负责控制面信息的处理，为纯信令节点，不需要转发媒体数据，对传输带宽要求较小。MME 与 eNB 之间采用 IP 方式连接，不存在传输带宽瓶颈和传输电路调度困难的问题。另外，

MME 与 eNB 之间本身就采用星形组网模式,因此在实际组网时宜采用集中设置的方式,一般以省为单位设置,采用大容量 MME 网元节点设置方式,有利于统一管理和维护,并且具有节能减排的优点。如果考虑到网元的备份及冗余,可以引入 MME 池保证网络的安全可靠性。

HSS 负责存储用户数据,实现鉴权管理等功能,与 HLR 的功能类似,宜采用以省为单位集中设置的方式。

SGW 主要负责连接 eNB,以及实现 eNB 之间的漫游/切换。PGW 主要负责连接外部数据网,以及进行用户 IP 地址管理、内容计费,并在 PCRF 的控制下完成策略控制。从媒体流处理上看,SGW、PGW 均负责用户媒体流的疏通,所有业务承载均采用 eNB-SGW-PGW 方式,不存在 eNB-eNB、SGW-SGW 方式的业务承载。

S/PGW 的设置与媒体流的流量和流向相关,应根据业务量及业务类型,选择集中或分散的方式。当业务量较小且不需要提供语音类点对点业务,主要数据业务为"点到服务器"类型时,S/PGW 连接的互联网出口一般为集中设置,因此 S/PGW 可采用集中设置的方式。当某些本地网业务量较大或需要提供点对点业务时,可将 S/PGW 下移至本地网,尽量靠近用户,减少路由迂回。

SAE-GW 的设置方式可以分为 SGW 与 PGW 的合并设置(合设)和分开设置(分设)。SGW 与 PGW 的合设和分设没有本质的区别。合设时 SGW 与 PGW 之间的路由无须经过承载网的转发,减少数据路由转发造成的时延,因此合设具有时延较小、转发效率较高的优点。另外从硬件投资考虑,例如总容量需求为 10 000 个承载,合设方式需要配置一个支持 10 000 个承载的综合 SAE-GW,而 SGW 和 PGW 分设方式下则需要配置一个支持 10 000 个承载的 SGW 和一个支持 10 000 个承载的 PGW,因此合设还有利于缩减开支、节能减排等。

因此,对于通用数据业务 APN,建议 SGW 与 PGW 合设。随着用户数量的增长以及业务类型的不断丰富,如对于物联网等行业应用 APN,可设置专用独立的 PGW。在现场组网中,应根据实际情况采用 SGW 与 PGW 的合设和分设的混合应用。

在配置核心网数据时,所有的对接关系都要遵循一致原则,因此对接双方的配置数据务必保持一致。

任务实施

本任务需要进行 Option 3x 核心网网元 MME、SGW、PGW、HSS 及 SW 的数据配置,以兴城市为例,完成 Option 3x 核心网数据的配置。

打开 5G 全网软件,依次选择"网络配置"→"数据配置"→"核心网"→"兴城市核心网机房"。选择左侧的网元,下方会出现对应的配置项目。依次单击各网元的配置项目,完成全部配置。配置参数可参考任务 3.1 中规划的各项取值。

演示视频
MME 网元数据配置演示

1. MME 网元数据配置

步骤 1:MME 全局移动参数配置。

单击"网元配置"节点下的 MME 网元,进入 MME 数据配置界面。单击"全局移动参数"选项,在右边弹出的界面中,根据数据规划将参数填写完整,然后单击"确定"

按钮。

MME 群组 ID 与 MME 代码唯一标识了网络中的一个 MME，此处可任意填写，不与其他 MME 重复即可。

步骤 2：MME 控制面地址配置。

单击"MME 控制面地址"选项，MME 控制面地址是 MME 的 S11 接口地址，根据地址规划进行填写。

步骤 3：eNodeB 偶联配置。

单击"与 eNodeB 对接配置"→"eNodeB 偶联配置"选项，再在右边弹出的界面中单击"+"按钮进行配置。偶联配置参数说明及规划示例如表 3-19 所示，对接端口按图 3-4 规划。注意所有的对接配置双方要保持一致。

表 3-19　偶联配置参数说明及规划示例

参数名称	说明	规划示例
SCTP ID	用于标识偶联，增加多条时不可重复	1
本地偶联 IP	MME 端的偶联地址，为 S1-MME 地址，该 IP 用于远端 eNodeB 建立 SCTP 偶联的端点地址	按规划表
本地偶联端口号	MME 的端口号，可自行规划	按图 3-4
对端偶联 IP	eNodeB 端的偶联地址，为 eNodeB 的接口地址，与 eNodeB 侧协商一致	按规划表
对端偶联端口号	对端的端口号，与 eNodeB 侧协商一致	按图 3-4
应用属性	与对端相反，一般 MME 作为服务器端	服务器

步骤 4：TA 配置。

单击"TA 配置"选项，再单击"+"按钮，增加 TAC 区域，其中 TAC 值为 4 位十六进制数。TA 配置参数说明及规划示例如表 3-20 所示。

表 3-20　TA 配置参数说明及规划示例

参数名称	说明	规划示例
TAID	跟踪区标识，用于标识一个跟踪区	1
MCC	根据实际填写	按规划表
MNC	根据实际填写	按规划表
TAC	跟踪区码，与无线侧保持一致，增加 MME 覆盖所有的 TAC	按规划表

步骤 5：增加 Diameter 连接配置。

单击"与 HSS 对接配置"→"增加 Diameter 连接"选项，再单击"+"按钮，在"Diameter 连接 1"的对接配置中，偶联本端 IP 与偶联对端 IP 均根据数据规划填写。Diameter 连接配置参数说明及规划示例如表 3-21 所示。

表 3-21　Diameter 连接配置参数说明及规划示例

参数名称	参数说明	规划示例
连接 ID	用于标识偶联	1
偶联本端 IP	MME 端的偶联地址,为 MME 的 S6a 地址	按规划表
偶联本端端口号	MME 端的端口号	按图 3-4
偶联对端 IP	对端的偶联地址,为 HSS 的 S6a 地址	按规划表
偶联对端端口号	对端的端口号,与 HSS 侧协商一致	按图 3-4
偶联应用属性	与对端相反,一般 MME 作为客户端	客户端
本端主机名	MME 节点主机名	mme.cnnet.cn
本端域名	MME 节点域名	cnnet.cn
对端主机名	HSS 节点主机名	hss.cnnet.cn
对端域名	HSS 节点域名	cnnet.cn

步骤 6:号码分析配置。

单击"号码分析配置"选项,再单击"+"按钮,分析号码为 IMSI(国际移动用户识别码)的前几位,如 MCC+MNC 号码,连接 ID 与"Diameter 连接 1"中一致,此处填写"1"。

步骤 7:与 SGW 对接配置。

单击"与 SGW 对接配置"选项,MME 控制面地址为 MME 的 S11 GTP-C 地址,并选中 SGW 管理的跟踪区 TAID。

步骤 8:APN 解析配置。

单击"基本会话业务配置"→"APN 解析配置"选项,再单击"+"按钮,APN 地址解析是寻址到 PGW,即为 PGW 的 S5/S8 GTP-C 控制面地址,注意 APN 名称有固定的格式。APN 解析配置参数说明及规划示例如表 3-22 所示。

表 3-22　APN 解析配置参数说明及规划示例

参数名称	参数说明	规划示例
APN	接入点名称,由网络标识和运营商标识组成;APN 名称以"apn.epc.mnc×××.mcc×××.3gppnetwork.org"为后缀,"mnc"和"mcc"后都跟 3 位 0~9 的数字,不足 3 位的,高位补 0	test.apn.epc.mnc011.mcc460.3gppnetwork.org
解析地址	APN 对应的 PGW 的 S5/S8 GTP-C 地址	按规划表
业务类型	APN 支持的服务类型,这里需选择 x-3gpp-pgw	x-3gpp-pgw
协议类型	APN 支持的协议类型,这里需选择 x-s5-gtp	x-s5-gtp

步骤 9:EPC 地址解析配置。

单击"EPC 地址解析配置"选项,再单击"+"按钮,EPC 地址解析是寻址到 SGW,即为 SGW 的 S11 GTP-C 控制面地址。EPC 地址解析配置参数说明及规划示例如表 3-23 所示。

表 3-23　EPC 地址解析配置参数说明及规划示例

参数名称	参数说明	规划示例
名称	名　称 以 "tac.epc.mnc×××.mcc×××.3gppnetwork.org" 为后缀，"mnc" 和 "mcc" 后都跟 3 位 0~9 的数字，不足 3 位的，高位补 0	tac-lb22.tac-hb11.tac.epc.mnc011. mcc460.3gppnetwork.org
解析地址	TAC 对应的 SGW 的 S11 GTP-C 地址	按规划表
业务类型	TAC 支持的服务类型，这里需选择 x-3gpp-sgw	x-3gpp-sgw
协议类型	TAC 支持的协议类型，这里需选择 x-s5-gtp	x-s5-gtp

步骤 10：接口 IP 配置。

接口配置的是网元设备的物理接口，因此槽位、端口都要与实际的接口板连线的槽位、端口保持一致，IP 地址与掩码均要与规划的物理接口地址保持一致。

单击 "接口 IP 配置" 选项，增加 MME 的物理接口配置。接口 IP 配置参数说明及规划示例如表 3-24 所示。

表 3-24　接口 IP 配置参数说明及规划示例

参数名称	参数说明	规划示例
接口 ID	用于标识某个接口，不可重复	1
槽位	接口板所在的槽位	按实际槽位
端口	单板对应的端口，默认由小至大，从 1 开始	按实际端口
IP 地址	对应接口板的实接口 IP 地址	按规划表
掩码	对应接口板的实接口子网掩码	255.255.255.0

步骤 11：路由配置。

单击 "路由配置" 选项，再单击 "+" 按钮，配置路由。由于 MME 与 eNB、HSS、SGW 都有逻辑连接，因此这里需要配置 3 条路由。

以 MME 去往 HSS 的路由为例，目的地址为对方接口的业务地址，即 HSS 侧 S6a 接口地址（2.2.2.6）；掩码建议配置全掩码，为 255.255.255.255；因为规划的核心网网元都在同一网段，所以下一跳为 HSS 网元的接口地址 10.1.1.2，如果是跳到其他网段，如 MME 去往 eNB，则下一跳应该是 MME 的网关 10.1.1.10。

路由配置参数说明及规划示例如表 3-25 所示。

表 3-25　路由配置参数说明及规划示例

参数名称	参数说明	规划示例
路由 ID	用于标识路由	1、2、3
目的地址	报文目的 IP 地址	按规划表
掩码	具体目的地址，建议配置全掩码	255.255.255.255
下一跳	基站发送报文到达目的地前所经过的第一个网关地址，工程模式需对应承载设备接口地址	按规划表

2. SGW 网元数据配置

步骤 1：PLMN 配置。

单击"网元配置"节点下的 SGW 网元，再单击"PLMN 配置"选项，根据数据规划将参数填写完整，然后单击"确定"按钮。

步骤 2：与 MME 对接配置。

单击"与 MME 对接配置"选项，此处填写的 IP 地址为本端 SGW 的 S11 GTP-C 地址。

步骤 3：与 eNodeB 对接配置。

单击"与 eNodeB 对接配置"选项，此处填写的 IP 地址为本端 SGW 与 eNodeB 以及 CUUP 对接的 S1-U 接口的业务地址。

步骤 4：与 PGW 对接配置。

单击"与 PGW 对接配置"选项，此处填写的 IP 地址为本端 SGW 的 S5/S8 GTP-C 与 S5/S8 GTP-U 接口地址。

步骤 5：接口 IP 配置。

单击"接口 IP 配置"选项，增加 SGW 的物理接口配置。

步骤 6：路由配置。

单击"路由配置"选项，再单击"+"按钮，此处应该分别配置 SGW 去往 MME、PGW-C、PGW-U、eNB 和 gNB 共 5 条路由。

3. PGW 网元数据配置

步骤 1：PLMN 配置。

单击"网元配置"节点下的 PGW 网元，再单击"PLMN 配置"选项，根据数据规划将参数填写完整，然后单击"确定"按钮。

步骤 2：与 SGW 对接配置。

单击"与 SGW 对接配置"选项，此处填写的 IP 地址为 PGW 侧的 S5/S8 GTP-C 与 S5/S8 GTP-U 接口地址。

步骤 3：地址池配置。

单击"地址池配置"选项进行配置，地址池的地址段可以自行规划，不与其他 IP 冲突即可。地址池配置参数说明及规划示例如表 3-26 所示。

表 3-26　地址池配置参数说明及规划示例

参数名称	说明	规划示例
地址池 ID	用于标识接口，不可重复	1
APN	填写 APN-NI 信息	test
地址池起始地址	地址池的起始地址，自行规划	100.1.1.1
地址池终止地址	地址池的终止地址，自行规划	100.1.1.100
掩码	地址段的掩码	255.255.255.0

步骤 4：接口 IP 配置。

单击"接口 IP 配置"选项，增加 PGW 的物理接口配置。

步骤 5：路由配置。

单击"路由配置"选项，再单击"+"按钮，此处应该分别配置 PGW 去往 SGW-C、SGW-U 共 2 条路由。

演示视频
HSS 网元数据配
置演示

4. HSS 网元数据配置

步骤 1：与 MME 对接配置。

单击"网元配置"节点下的 HSS 网元，再单击"与 MME 对接配置"选项，注意此处填写的数据必须与 MME 侧配置的 HSS 对接保持一致。

步骤 2：接口 IP 配置。

单击"接口 IP 配置"选项，增加 HSS 的物理接口配置。

步骤 3：路由配置。

单击"路由配置"选项，再单击"+"按钮，此处应该配置 HSS 去往 MME 共 1 条路由。

步骤 4：APN 管理配置。

单击"APN 管理"选项进行配置。APN 管理配置参数说明及规划示例如表 3-27 所示。

表 3-27　APN 管理配置参数说明及规划示例

参数名称	说明	规划示例
APN ID	单用户 ID，自定义。与 Profile 管理配置中的 APN ID 保持一致	1
APN-NI	与 MME→基础会话业务配置→APN 解析配置中的 APN 保持一致	test
QoS 分类识别码	协议规定，常用的有 1、5、8/9，分别代表 GBR VoIP（保证比特速率的语音业务）、Non-GBR IMS（不保证比特速率的 IMS 信令）、NVIP default bearer（非 VIP 默认承载）	1；5；8
APN-AMBR-UL/DL /（kbit/s）	所有用户接入带宽，值越大越好	99 999 999

步骤 5：Profile 管理配置。

单击"Profile 管理"选项进行配置。Profile 管理配置参数说明及规划示例如表 3-28 所示。

表 3-28　Profile 管理配置参数说明及规划示例

参数名称	说明	规划示例
Profile ID	单用户 ID，自定义。与签约用户管理配置中的 Profile ID 保持一致	1
对应 APN ID	与 APN 管理配置中的 APN ID 保持一致	1
UE-AMBR-UL/DL /（kbit/s）	单用户接入带宽，可以和 APN-AMBR-UL/DL 保持一致，也可以设置较小的值，不低于 100	99 999 999

步骤 6：签约用户管理配置。

单击"签约用户管理"选项进行配置。签约用户管理配置参数说明及规划示例如表 3-29 所示。

表 3-29　签约用户管理配置参数说明及规划示例

参数名称	说明	规划示例
IMSI	MME 中分析号码指的是 IMSI，IMSI=MCC+MNC+MSIN（共 15~16 位）	460111234567890
Profile ID	单用户 ID，自定义。与 Profile 管理配置中的 Profile ID 保持一致	1
鉴权管理域	自定义，软件无具体的工程规划	FFFF
KI	鉴权密钥，满足 32 位，自定义，可以是数值、字母	32 个 1

5. SW 数据配置

步骤 1：物理接口配置。

单击"网元配置"节点下的 SW 网元，再单击"物理接口配置"选项，进行交换机设备的 VLAN 接口配置。

显示接口状态为"UP"的表示 SW 设备上此接口有连线。回顾兴城市核心网机房可知，接口 ID 100GE-1/1、100GE-1/13、100GE-1/15 和 RJ45-1/19 分别连接了 MME、SGW、PGW 和 HSS，这 4 个网元都规划在同一个网段，因此这 4 个接口的关联 VLAN 均填写为相同的 VLAN，如"10"；接口 ID 100GE-1/18 连接的是 ODF，关联 VLAN 填写为另一个数字，如"11"。

步骤 2：逻辑接口配置。

单击"逻辑接口配置"→"VLAN 三层接口"选项，VLAN11 是兴城市核心网三层交换机与兴城市承载中心机房相连的接口，VLAN10 是兴城市核心网三层交换机与核心网各个网元相连的接口。

单击"+"按钮，填入规划数据，先添加第一条接口，接口 ID 为 VLAN10，IP 地址为 10.1.1.10，为子网掩码为 255.255.255.0，再添加第二条接口，接口 ID 为 VLAN11，IP 地址为 192.168.10.1，子网掩码为 255.255.255.252。

步骤 3：静态路由配置。

单击"静态路由配置"选项，此处需要配置目的地址为核心网 4 个网元网段的静态路由。单击"+"按钮，填入规划数据。例如，添加 MME 的静态路由，目的地址为 1.1.1.0，子网掩码为 255.255.255.0，下一跳为 10.1.1.1，优先级为 1。同理，添加 SGW、PGW、HSS 的静态路由。

步骤 4：OSPF 路由配置。

单击"OSPF 路由配置"→"OSPF 全局配置"选项，全局 OSPF 状态选择"启用"；进程号填"1"；router-id 此处仅为一个标识，可以填"1.1.1.1"；重分发选择"静态"即可。

步骤 5：OSPF 接口配置。

单击"OSPF 接口配置"选项，将 OSPF 状态选择为"启用"即可。

任务拓展

思考一下，在 Option 3x 核心网中，网元的业务地址与接口地址有哪些不同？

任务测验

选择题

1. Option 3x 核心网中 MME 网元与 HSS 网元对接的接口是（　　　）。

   A. S6a　　　　　　　　　　　　　　　B. S11

   C. S5/S8 GTP-C　　　　　　　　　　D. S5/S8 GTP-U

2. MME 网元的全局移动参数配置中，NDC 代表的是（　　　）。

   A. 移动国家码　　　　　　　　　　　B. 移动网络码

   C. 国家码　　　　　　　　　　　　　D. 国家目的码

3. MME 网元基本会话业务配置下的 APN 解析配置中，解析的是（　　　）。

   A. MME S10 接口地址　　　　　　　B. SGW S5 接口地址

   C. PGW S5 接口地址　　　　　　　　D. PGW S8 接口地址

4. MME 网元的基础参数配置共分为四大操作步骤，分别是（　　　）。

   A. 全局移动参数配置　　　　　　　　B. 基本会话业务配置

   C. 接口配置　　　　　　　　　　　　D. 路由配置

5. 核心网数据配置中，SGW 网元配置的静态路由需要（　　　）条。

   A. 1　　　　　　　　　　　　　　　B. 2

   C. 5　　　　　　　　　　　　　　　D. 4

任务 3.3　配置 Option 3x 站点数据

任务描述

　　本任务在前期 Option 3x 核心网数据配置完成的情况下，进行 Option 3x 站点数据配置，包括 BBU 数据配置、ITBBU 数据配置、站点机房 SPN 配置、AAU 射频配置等。

　　通过本任务，可以了解 Option 3x 站点数据配置的基本内容和基本流程，加深对 Option 3x 站点数据配置的理解。

任务准备

　　为了完成本任务，需要做以下知识准备：掌握 Option 3x 站点数据配置流程。

　　Option 3x 站点数据配置流程如下：先进行无线基础参数配置，如 AAU 的射频配置、BBU 的网元管理配置、4G 物理参数配置、ITBBU 的 NR 网元管理配置、5G 物理参数配置、DU 功能配置、DU 物理信道配置、DU 测量与定时器开关配置、CU 管理配置、CU 小区配置等，具体如图 3-6 所示。再进行对接配置，如 DU 的 IP 配置、CUCP 的 IP 配置、CUUP 的 IP 配置、SPN 配置、SCTP 配置等。

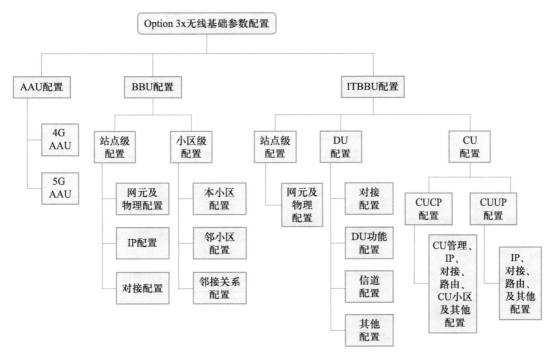

图 3-6　Option 3x 无线基础参数配置步骤

任务实施

本任务需要进行 BBU 数据配置、ITBBU 数据配置、站点机房 SPN 配置、AAU 射频配置等,以兴城市 B 站点机房为例,完成 Option 3x 站点数据配置。

打开 5G 全网软件,依次选择"网络配置"→"数据配置"→"无线网"→"兴城市 B 站点机房"。选择左侧的网元,下方会出现对应的配置项目。依次单击各网元的配置项目,完成全部配置。配置参数可参考任务 3.1 中表 3-9~表 3-17 中规划的各项取值。

演示视频
BBU 数据配置演示

1. BBU 数据配置

步骤 1:网元管理配置。

单击"网元配置"节点下的 BBU 网元,再单击"网元管理"选项,完成相关数据配置。网元管理配置参数说明及规划示例如表 3-30 所示。

表 3-30　网元管理配置参数说明及规划示例

参数名称	参数说明	规划示例
基站标识	此基站在该网络中的标识	按规划表
无线制式	分为 TD-LTE(时分双工)与 FDD-LTE(频分双工)	TD-LTE
移动国家码(MCC)	唯一识别移动用户所属的国家,共 3 位,中国为 460	按规划表
移动网络码(MNC)	用于识别移动客户所属的移动网络,2~3 位数字组成	按规划表

续表

参数名称	参数说明	规划示例
时钟同步模式	BBU 与 ITBBU 进行时钟同步的模式，当无线制式为 TD-LTE 时为相位同步，当无线制式为 FDD-LTE 时为频率同步	相位同步
NSA 共框标识	NSA 模式下 BBU 与 ITBBU 之间同步的标识	按规划表

步骤 2：4G 物理参数配置。

单击"4G 物理参数"选项，完成相关数据配置。4G 物理参数配置说明及规划示例如表 3-31 所示。注意承载网链路端口一定要与实际连线一致。

表 3-31 4G 物理参数配置说明及规划示例

参数名称	参数说明	规划示例
AAU 链路光口使能	设备连线完成之后需要对对应的光口进行赋能	使能
承载网链路端口	根据设备配置中 BBU 与承载网的连线判断是光口还是网口	与实际连线一致

步骤 3：IP 配置。

单击"IP 配置"选项，根据数据规划完成 BBU 的 IP 数据配置。

步骤 4：对接配置。

单击"对接配置"→"SCTP 配置"选项，再单击"+"按钮，增加对接配置。SCTP 对接是配置控制面的对接，由于 BBU 与 MME 和 ITBBU 中的 CUCP 都有对接，因此此处要新增 2 条 SCTP 配置。

配置时远端 IP 地址要按规划表填写，端口号要按图 3-4 规划的端口填写，出入流个数可配置为 2，链路类型如表 3-32 所示。注意所有的对接要保持双方配置一致。

表 3-32 对接链路类型

链路类型	参数解释	链路类型	参数解释
NG 偶联	代表 BBU 与 MME 的对接	F1 偶联	代表 CUCP 与 DU 的对接
XN 偶联	代表 BBU 与 CUCP 的对接	E1 偶联	代表 CUCP 与 CUUP 的对接

由于软件中默认为 BBU 配置了路由，因此此处无须配置静态路由。

步骤 5：eNodeB 配置。

单击"无线参数"→"eNodeB 配置"选项，完成相关数据配置。eNodeB 配置参数说明及规划示例如表 3-33 所示。注意 Option 3x 的双连接承载类型必须选择 SCG Split。

表 3-33 eNodeB 配置参数说明及规划示例

参数名称	参数说明	规划示例
网元 ID	此 BBU 在该网络中的标识，与 BBU 网元管理配置中的基站标识一致	按规划表
eNodeB 标识	此 eNodeB 在无线站点的标识	按规划表
业务类型 QCI 编号	此 BBU 支持的业务类型编号	8

续表

参数名称	参数说明	规划示例
双连接承载类型	此处选择双连接中 BBU 的承载类型 MCG：业务主承载小区 SCG：业务辅承载小区 SCG Split：业务承载辅分流小区	SCG Split

步骤 6：TDD 小区配置。

单击"TDD 小区配置"选项，再单击"+"按钮，新增 TDD 小区配置，此处需要添加 3 个 TDD 小区。TDD 小区 2 和 TDD 小区 3 可参考 TDD 小区 1 进行配置，只需修改小区标识、AAU 链路光口、物理小区识别码（PCI）即可。TDD 小区配置参数说明及规划示例如表 3-34 所示。

表 3-34   TDD 小区配置参数说明及规划示例

参数名称	参数说明	规划示例
小区标识	小区在该基站下的标识	1/2/3
小区 eNodeB 标识	小区所属的 eNodeB 标识	按规划表
AAU 链路光口	该小区信号由哪个 AAU 发射	4/5/6
跟踪区码（TAC）	跟踪区是用来进行寻呼和位置更新的区域，配置范围是 4 位的十六进制数	按规划表
物理小区识别码（PCI）	物理小区标识，取值范围为 0~503	按规划表，1/2/3
小区参考信号功率	小区发射功率，一般为 23	按规划表
频段指示	指示该小区属于哪一个频段	按规划表
中心载频/MHz	4G 系统工作频段的中心频点，配置为实际频点	按规划表
小区的频域带宽/MHz	指示该小区在频域上所占用的带宽	按规划表
是否支持 VOLTE	是否支持语音业务	是

由于此处只配置一个站，因此无须配置 FDD/TDD 邻接小区。

步骤 7：NR 邻接小区配置。

单击"NR 邻接小区配置"选项，再单击"+"按钮，新增 3 条 NR 邻接小区配置，即配置双连接中的 5G 小区信息。NR 邻接小区 2 和 NR 邻接小区 3 可参考 NR 邻接小区 1 进行配置，只需修改邻接 DU 小区标识和物理小区识别码（PCI）即可。NR 邻接小区配置参数说明及规划示例如表 3-35 所示。

表 3-35   NR 邻接小区配置参数说明及规划示例

参数名称	参数说明	规划示例
邻接 DU 标识	邻接的 DU 标识	按规划表
邻接 DU 小区标识	邻接的 DU 小区标识	1/2/3
PLMN	PLMN 是公共陆地移动网，PLMN=MCC+MNC	按规划表

续表

参数名称	参数说明	规划示例
跟踪区码（TAC）	NR 邻接小区的跟踪区，需与实际配置的 DU 小区相对应	按规划表
物理小区识别码（PCI）	NR 邻接小区的物理小区标识，需与实际配置的 DU 小区相对应	按规划表
NR 邻接小区频段指示	NR 邻接小区的频段指示，需与实际配置的 DU 小区相对应	按规划表
NR 邻接小区的中心载频/MHz	NR 邻接小区的中心载频，此处填写相对应 DU 小区计算后的实际频点数值	按规划表，3 450
NR 邻接小区的频域带宽	NR 邻接小区的频域带宽，此处填写相对应 DU 小区的频域带宽	按规划表，273
添加 NR 辅节点事件	指发生该事件就将 NR 小区作为辅节点接入	B1

步骤 8：邻接关系表配置。

单击"邻接关系表配置"选项，再单击"+"按钮，新增 3 条关系表配置。此处是将 5G 邻区与 4G 本地小区建立一对一的邻接关系。关系表 2 和关系表 3 可参考关系表 1 进行配置，只需修改本地小区标识和 NR 邻接小区即可。邻接关系表配置参数说明及规划示例如表 3-36 所示。

表 3-36 邻接关系表配置参数说明及规划示例

参数名称	参数说明	规划示例
FDD 邻接小区	本小区的 FDD 制式的邻接小区，无实际邻接可任意填	1/1/1
TDD 邻接小区	本小区的 TDD 制式的邻接小区，无实际邻接可任意填	1/2/3
NR 邻接小区	本小区的 NR 邻接小区，格式为：DU 标识-DU 小区标识	按规划表，1-1/1-2/1-3

演示视频
ITBBU 数据配置演示

2. ITBBU 数据配置

步骤 1：NR 网元管理配置。

单击"网元配置"节点下的 ITBBU 网元，再单击"NR 网元管理"，完成相关数据配置。NR 网元管理配置参数说明及规划示例如表 3-37 所示。

表 3-37 NR 网元管理配置参数说明及规划示例

参数名称	参数说明	规划示例
网元类型	选择 CUDU 分离或者合设的网元类型，与设备配置一致	按设备，选 CUDU 合设
基站标识	此基站在该网络中的标识	按规划表
PLMN	PLMN=MCC+MNC	按规划表
网络模式	网络模式有两种，NSA 为非独立组网，SA 为独立组网	NSA
时钟同步模式	BBU 与 ITBBU 进行时钟同步的模式，要与 BBU 网元管理处的时钟同步模式保持一致	相位同步
NSA 共框标识	NSA 模式下 BBU 与 ITBBU 之间同步的标识	按规划表
网络制式	网络制式有两种，即 NR TDD 和 NR FDD	NR TDD

步骤 2：5G 物理参数配置。

单击"5G 物理参数"选项，完成相关数据配置。5G 物理参数配置参数说明及规划示例如表 3-38 所示。

表 3-38　5G 物理参数配置参数说明及规划示例

参数名称	参数说明	规划示例
AAU 链路光口使能	设备连线完成之后需要对应的光口进行赋能	使能
承载网链路端口	根据设备配置中 ITBBU 与承载网的连线判断是光口还是网口	与实际连线一致

步骤 3：以太网接口配置。

单击 DU→"DU 对接配置"→"以太网接口"选项，完成相关数据配置，接收带宽和发送带宽均填写"40 000"，应用场景选择"超高可靠超低时延通信类型"。

步骤 4：IP 配置。

单击"IP 配置"选项，根据表 3-9 完成 DU 的 IP 数据配置。

步骤 5：SCTP 配置。

单击"SCTP 配置"选项，再单击"+"按钮，新增 1 条 SCTP 配置，为 DU 与 CUCP 的对接。配置原则参考 BBU 的对接配置。

下一步静态路由配置可省略，因为 DU 与 CU 物理上合设。

步骤 6：DU 管理配置。

单击"DU 功能配置"→"DU 管理"选项，完成相关数据配置。DU 管理配置参数按规划表填写即可，其余参数说明及规划示例如表 3-39 所示。

表 3-39　DU 管理配置参数说明及规划示例

参数名称	参数说明	规划示例
CA 支持开关	支持 CA（载波聚合）的开关	打开
BWP 切换策略开关	支持 BWP（一部分带宽）的切换开关	打开

步骤 7：QoS 业务配置。

单击"QoS 业务配置"选项，再单击"+"按钮，新增 3 条 QoS 配置，对应三类业务。QoS2 和 QoS3 可参考 QoS1 进行配置，只需修改 QoS 分类标识、业务承载类型、业务类型名称即可。

QoS 代表不同业务的服务质量，不同的分类标识对应的包时延、误码率、平均时间窗口、最大数据突发量不同。QoS 业务配置参数说明及规划示例如表 3-40 所示。业务类型名称与 QCI 的对应关系如表 3-41 所示。

表 3-40　QoS 业务配置参数说明及规划示例

参数名称	参数说明	规划示例
QoS 标识类型	在 NSA 模式下选择 QCI，在 SA 模式下选择 5QI	QCI
QoS 分类标识	QCI 有 1~9 个标识，5QI 有 1~85 个标识	1/5/8
业务承载类型	与 QoS 分类标识相对应，1~4、65~67、75 为 GBR，其他为 Non-GBR	GBR/Non-GBR/Non-GBR
业务数据包 QoS 时延参数	规定该业务类型下数据包传输的常规时延（仅作参考，不影响实际业务）	1

续表

参数名称	参数说明	规划示例
丢包率/%	该业务类型下的常规丢包率（仅作参考，不影响实际业务）	1
业务优先级	该业务类型的优先级	1
业务类型名称	详见表 3-41	VoIP/IMS signaling/VIP default bearer

表 3-41 业务类型名称与 QCI 的对应关系

业务类型名称	对应 QCI	业务示例
VoIP-Voice over IP，语音	1	会话语音
LsoIP-Living streaming over IP，直播流媒体	2、7	会话视频（直播流媒体）
BsoIP-Buffered streaming over IP，非实时缓冲流	4	非会话视频（缓冲流媒体）
IMS signaling，IMS 信令	5	IMS 信令
Prior IP service，优先级高的 IP 业务	6	视频
VIP/NVIP default bearer，VIP/NVIP 用户承载	8/9	基于 TCP 的业务（如 WWW、E-mail、CHAT、FTP、P2P 文件共享）
Siganaling bearer，信令承载	256	协议中无定义

步骤 8：扇区载波配置。

单击"扇区载波配置"选项，再单击"+"按钮，新增 3 条扇区载波配置。扇区载波 2 和扇区载波 3 可参考扇区载波 1 进行配置，只需修改小区标识即可。扇区载波配置参数说明及规划示例如表 3-42 所示。

表 3-42 扇区载波配置参数说明及规划示例

参数名称	参数说明	规划示例
载波最大可配置功率	该扇区载波最大可配置功率	500
载波实际发射功率	该扇区载波实际发射功率	520

步骤 9：DU 小区配置。

单击"DU 小区配置"选项，再单击"+"按钮，新增 3 条 DU 小区配置。DU 小区 2 和 DU 小区 3 可参考 DU 小区 1 进行配置，只需修改 DU 小区标识、AAU 链路光口、物理小区 ID 即可。DU 小区配置参数说明及规划示例如表 3-43 所示。

表 3-43 DU 小区配置参数说明及规划示例

参数名称	参数说明	规划示例
DU 小区标识	该小区在当前 DU 下的标识	1/2/3
小区属性	小区所属 5G 频段范围，包括低频、高频、sub-1G 场景、Qcell 场景	低频
AAU 链路光口	指示该小区信号由哪个 AAU 发射	1/2/3

续表

参数名称	参数说明	规划示例
频段指示	指示该小区属于哪一个频段,包括 n41、n77、n78、n79	按规划表
下行中心载频	5G 系统工作频段的中心频点,配置为绝对频点	
下行 Point A 频点	5G 下行的 0 号 RB 的 0 号子载波中心位置	
上行 Point A 频点	5G 上行的 0 号 RB 的 0 号子载波中心位置	
物理小区 ID	物理小区标识,也称 PCI,取值范围为 0~503	按规划表,4/5/6
跟踪区码	跟踪区是用来进行寻呼和位置更新的区域,配置范围是 4 位的十六进制数	按规划表
小区 RE 参考功率/0.1 dBm	小区发射功率,取值范围为 120~180	
小区禁止接入指示	指示该小区是否允许用户接入	非禁止
通用场景的子载波间隔	仅作为通用场景的子载波间隔参考	scs15or60
SSB 测量的 SMTC 周期和偏移	指示 SSB 测量的 SMTC 周期和偏移,软件中仅作参考	SMTC 周期 5ms［sf5］
邻区 SSB 测量 SMTC 周期（20 ms）的偏移	指示邻区测量 SSB 的快慢,软件中仅作参考	1
初次激活的上行 BWP ID	设置初次激活的上行 BWP ID	1
初次激活的下行 BWP ID	设置初次激活的下行 BWP ID	1
BWP 配置类型	入新小区时激活的下行 BWP,单个 BWP 为 singlebwp,多个 BWP 为 multibwp	singlebwp
UE 最大发射功率	手机端发射信号所能发出的最大功率	按规划表
EPS 的 TAC 开关	指示该小区是否支持配置 LTE 的 TAC	配置 configuredEpsTAC［epsTacOn］
系统带宽（RB 数）	指示该小区在频域上占的 RB 数	按规划表
SSB 测量频点	SSB 块的中心位置	按规划表
SSB 测量 BitMap	SSB 测量的 Bit 图,有短、中、长三种	mediumBitmap［mediumBitmap］
SSBlock 时域图谱位置	指示波束的数量,配置几个 1 就代表有几个波束	11111111
测量子载波间隔	SSB 的测量子载波间隔	按规划表
系统子载波间隔	5G 系统的子载波间隔	

步骤 10:接纳控制配置。

单击"接纳控制配置"选项,再单击"+"按钮,新增 3 条接纳控制。接纳控制 2 和接纳控制 3 可参考接纳控制 1 进行配置,只需修改 DU 小区标识即可。接纳控制配置参数说明及规划示例如表 3-44 所示。

表 3-44　接纳控制配置参数说明及规划示例

参数名称	参数说明	规划示例
小区用户数接纳控制门限	限制接入终端的数量	1 000
基于切片用户数的接纳控制开关	对不同的切片接纳用户数的控制	关闭
小区用户数接纳控制预留比例/%	为该小区用户接入数量预留一定的比例	10

步骤 11：BWPUL 参数配置。

单击"BWPUL 参数"选项，再单击"+"按钮，新增 3 条 BWPUL 配置。BWPUL2 和 BWPUL3 可参考 BWPUL1 进行配置，只需修改 DU 小区标识即可。BWPUL 参数配置参数说明及规划示例如表 3-45 所示。

表 3-45　BWPUL 参数配置参数说明及规划示例

参数名称	参数说明	规划示例
上行 BWP 索引	指示用户接入时以此索引来寻找对应的 BWP	1/2/3
上行 BWP 起始 RB 位置	上行 BWP 的起始位置	1/2/3
上行 BWP RB 个数	上行 BWP 所占的 RB 个数	<273
上行 BWP 子载波间隔	上行 BWP 的子载波间隔	30 kHz

步骤 12：BWPDL 参数配置。

单击"BWPDL 参数"选项，再单击"+"按钮，新增 3 条 BWPDL 配置。BWPDL 参数配置原则与 BWPUL 相同。

步骤 13：PRACH 信道配置。

单击"物理信道配置"→"PRACH 信道配置"选项，再单击"+"按钮，新增 3 条 PRACH 配置。PRACH2 和 PRACH3 可参考 PRACH1 进行配置，只需修改 DU 小区标识和起始逻辑根序列索引即可。需要注意 UE 接入和切换可用 Preamble 个数要小于前导码个数；MSG1 子载波间隔要和系统子载波间隔保持逻辑对应。PRACH 信道配置参数说明及规划示例如表 3-46 所示。

表 3-46　PRACH 信道配置参数说明及规划示例

参数名称	参数说明	规划示例
DU 小区标识	DU 小区标识	1/2/3
MSG1 子载波间隔	跟随系统子载波间隔	30 kHz
竞争解决定时器时长	sf8 代表 8 个子帧，sf16 代表 16 个子帧，竞争时间越长，可接入的用户就越多	sf8
PRACHRootSequenceIndex（PRACH 根序列索引）	分为长序列 I839 与短根序列 I139，长序列用于 FR1（5G 低频），短根序列适用于所有频段	I839［I839］
PRACH 格式	接入信道格式，注意 3 个小区的格式要一致	0
接入限制集配置	注意只能选 unrestrictedSet	unrestrictedSet

续表

参数名称	参数说明	规划示例
起始逻辑根序列索引	指示该小区用户接入时选择接入的 ZC 序列的索引号,本局中不能重复	1/2/3
UE 接入和切换可用 Preamble 个数	指示该小区下的用户进行接入和切换时可用的 Preamble 个数,小于信道配置的前导码个数	60
前导码个数	指示 PRACH 前导码 Preamble 的个数	64
PRACH 功率攀升步长	用户发送 MSG1 失败未收到 MSG2 时,终端下一次发送 MSG1 时增加的功率	2 dB
基站期望的前导接收功率	在进行随机接入时基站希望用户接收的功率	-74
RAR 响应窗长	规定了该小区用户进行随机接入时的响应时间,响应时间越长,随机接入成功率越高	sl80
基于逻辑根序列的循环移位参数(Ncs)	根据起始逻辑根序列索引的参数进行前导码的循环移位,以此生成 64 位的前导码	1
PRACH 时域资源配置索引	指示该小区内用户进行随机接入时时域资源的配置	1
GroupA 前导对应的 MSG3 大小	基于竞争的前导码对应的 MSG3 消息的大小	B56
GroupB 前导传输功率偏移	eNB 配置的 MSG3 传输时功率控制余量,UE 用该参数区分随机接入前导为 GroupA 或 GroupB	0 dB
GroupA 的竞争前导码个数	每个 SSB GroupA 的竞争前导码个数	1
MSG3 与 Preamble 发送时的功率偏移	决定了该小区的用户组别	1

步骤 14:SRS 公用参数配置。

单击 "SRS 公用参数" 选项,再单击 "+" 按钮,新增 3 条 SRS 配置。SRS2 和 SRS3 可参考 SRS1 进行配置,只需修改 DU 小区标识即可。SRS 公用参数配置参数说明及规划示例如表 3-47 所示。

表 3-47　SRS 公用参数配置参数说明及规划示例

参数名称	参数说明	规划示例
SRS 轮发开关	开关打开时需要分配给 UE 两个资源集,开关关闭时只需要分配给 UE 一个资源集	打开
SRS 最大疏分数	SRS 疏分指在频域上每 n 个子载波发送此 SRS,n 取 2 或 4	2
SRS 的 slot 序号	指示 SRS 在时隙上的位置	4
SRS 符号的起始位置	指示在时域上 SRS 符号的起始位置	1
SRS 符号长度	指示 SRS 在单个 slot 中的符号长度,改变其数值会改变 SRS 资源在时域上的资源总数	1
CSRS	指示 SRS 宽带资源的 RB 数	1
BSRS	指示 SRS 子带资源的 RB 数(sub-1G)	1

步骤 15:小区业务参数配置。

单击 "测量与定时器开关"→"小区业务参数配置" 选项,再单击 "+" 按钮,新增 3

条小区业务参数配置。小区业务参数配置 2 和小区业务参数配置 3 可参考小区业务参数配置 1 进行配置，只需修改 DU 小区标识即可。小区业务参数配置说明及规划示例如表 3-48 所示。

表 3-48　小区业务参数配置说明及规划示例

参数名称	参数说明	参数规划
下行 MIMO 类型	MU-MIMO：多用户多入多出 SU-MIMO：单用户多入多出	MU-MIMO
下行空分组内单用户最大流数限制	下行空分组 UE 最大支持流数	8
下行空分组最大流数限制	下行空分组支持的最大流数	32
上行 MIMO 类型	MU-MIMO：多用户多入多出 SU-MIMO：单用户多入多出	MU-MIMO
上行空分组内单用户 最大流数限制	上行空分组 UE 最大支持流数	8
上行空分组最大流数限制	上行空分组支持的最大流数	8
单 UE 上行最大支持层数限制	单 UE 上行 PDSCH 传输最大支持层数限制。默认值为 1，即 1 层。对于终端四天线接收场景，此参数建议设置为 1；对于终端八天线接收场景，此参数建议设置为 2	2
单 UE 下行最大支持层数限制	单 UE 下行 PDSCH 传输最大支持层数限制。默认值为 4，即 4 层。对于终端四天线接收场景，此参数建议设置为 4；对于终端八天线接收场景，此参数建议设置为 8	8
PUSCH 256QAM 使能开关	是否打开 PUSCH 256QAM 调制方式	打开
PDSCH 256QAM 使能开关	是否打开 PDSCH 256QAM 调制方式	打开
波束配置	指示波束的方位角、下倾角、水平及垂直波宽	暂不配置
帧结构第一个周期的时间	指示帧结构第一个周期的时间	2.5
帧结构第一个周期的帧类型	指示帧结构第一个周期的帧类型，是数组形式，最多 10 个元素，每个元素对应一个 slot	11200
第一个周期 S slot 上的 GP 符号数	指示帧结构第一个周期 S slot 上的 GP 符号的个数	2
第一个周期 S slot 上的上行符号数	指示帧结构第一个周期 S slot 上的上行符号的个数	2
第一个周期 S slot 上的下行符号数	指示帧结构第一个周期 S slot 上的下行符号的个数	10
帧结构第二个周期帧类型 是否配置	指示帧结构第二个周期帧类型是否配置	当选择第二个周期不配置时，这些参数可任意填写
帧结构第二个周期的时间	指示帧结构第二个周期的时间	
帧结构第二个周期的帧类型	指示帧结构第二个周期的帧类型，是数组形式，最多 10 个元素，每个元素对应一个 slot	
第二个周期 S slot 上的 GP 符号数	指示帧结构第二个周期 S slot 上的 GP 符号的个数	
第二个周期 S slot 上的上行符号数	指示帧结构第二个周期 S slot 上的上行符号的个数	
第二个周期 S slot 上的下行符号数	指示帧结构第二个周期 S slot 上的下行符号的个数	

步骤 16:CU 管理配置。

单击 CU→"gNB-CUCP 功能"→"CU 管理"选项,完成相关数据配置。CU 管理配置参数说明及规划示例如表 3-49 所示。

表 3-49 CU 管理配置参数说明及规划示例

参数名称	参数说明	参数规划
基站标识	此基站在该网络中的标识,CU 处的基站标识应当与 DU 处的基站标识一致	按规划表
CU 标识	该 CU 在本基站的一个标识	按规划表
基站 CU 名称	CU 的名称	1
PLMN	PLMN=MCC+MNC	按规划表
CU 承载链路端口	根据设备配置中的 CU 连线进行配置	光口

步骤 17:CUCP 的 IP 配置。

单击"IP 配置"选项,根据数据规划完成相关 CUCP 的 IP 配置。

步骤 18:CUCP 的 SCTP 配置。

单击"SCTP 配置"选项,再单击"+"按钮,新增 3 条 SCTP 配置,分别对应 CUCP 与 BBU、CUUP、DU 之间的 3 条对接。配置原则参考 BBU 的对接配置。

步骤 19:CUCP 的静态路由配置。

单击"静态路由"选项,再单击"+"按钮,新增 1 条路由配置,对应 CUCP 去往 BBU 的路由。静态路由配置参数说明及规划示例如表 3-50 所示。

演示视频
CUCP 数据配置演示

表 3-50 静态路由配置参数说明及规划示例

参数名称	参数说明	规划示例
静态路由编号	用于标识路由	1
目的 IP 地址	BBU 的 IP 地址	按规划表
网络掩码	具体目的地址,建议配置全掩码	32 位
下一跳 IP 地址	基站发送报文到达目的地前所经过的第一个网关地址,为 CUCP 的网关	按规划表

步骤 20:CU 小区配置。

单击"CU 小区配置"选项,再单击"+"按钮,新增 3 个 CU 小区。CU 小区 2 和 CU 小区 3 可参考 CU 小区 1 进行配置,只需修改 CU 小区标识和对应 DU 小区 ID 即可。CU 小区配置参数说明及规划示例如表 3-51 所示。

表 3-51 CU 小区配置参数说明及规划示例

参数名称	参数说明	规划示例
CU 小区标识	该小区在当前 CU 下的标识	1/2/3
小区属性	根据该小区的实际频段进行划分,有低频、高频、sub-1G 场景、Qcell 场景 4 种属性	低频

续表

参数名称	参数说明	规划示例
小区类型	根据小区的覆盖范围分为宏小区和微小区	宏小区
对应 DU 小区 ID	一个 CU 小区可以管理多个 DU 小区，但是一个 DU 小区只能被一个 CU 小区管理	按规划表，1/2/3
NR 语音开关	是否支持 NR 语音业务	打开
负载均衡开关	是否支持在业务量大的时候分摊到多个网元进行业务处理	打开

演示视频
CUUP 数据配置
演示

步骤 21：CUUP 的 IP 配置。

单击 CU→"gNB-CUUP 功能"→"IP 配置"选项，根据数据规划完成 CUUP 的 IP 配置。

步骤 22：CUUP 的 SCTP 配置。

单击"SCTP 配置"选项，再单击"+"按钮，新增 1 条到 CUCP 的 SCTP 配置，配置原则与前述一致。

步骤 23：CUUP 的静态路由配置。

单击"静态路由"选项，再单击"+"按钮，新增 2 条路由配置，分别去往 BBU 和 SGW 的 S1-U 接口，配置原则与前述一致。

3. 站点机房 SPN 配置

步骤 1：SPN1 的物理接口配置。

在界面上方选择"承载网"→"兴城市 B 站点机房"，单击 SPN1→"物理接口"选项，在接口 ID RJ45-10/1 配置 BBU 的网关 IP 地址及子网掩码。

步骤 2：SPN1 的子接口配置。

单击"逻辑接口配置"→"配置子接口"选项，添加 3 条站点机房的网关地址。因为 SPN 只有一个接口连接到 ITBBU，因此这一个接口上要配置 3 个子接口，对应 CUCP、CUUP 及 DU 的网关。子接口配置参数说明及规划示例如表 3-52 所示。

表 3-52　子接口配置参数说明及规划示例

参数名称	参数说明	规划示例
接口 ID	SPN 接 ITBBU 的接口	按设备连线选择接口
封装 VLAN	CUCP、CUUP 及 DU 的 VLAN	按规划表
IP 地址	CUCP、CUUP 及 DU 的网关 IP	按规划表
子网掩码	CUCP、CUUP 及 DU 的网关掩码	按规划表

4. AAU 射频配置

步骤 1：AAU1~AAU3 射频配置。

单击"网元配置"节点下的 AAU1 网元，再单击"射频配置"选项，根据数据规划完成相关数据配置。AAU2 与 AAU3 的射频配置同理。注意 AAU1~AAU3 是 5G AAU。

步骤 2：AAU4~AAU6 射频配置。

单击"网元配置"节点下的 AAU4 网元,再单击"射频配置"选项,根据数据规划完成相关数据配置。AAU5 与 AAU6 的射频配置同理。注意 AAU4~AAU6 是 4G AAU。

任务拓展

思考一下,Option 3x 和 Option 2 在无线侧站点配置方面有哪些不同?

任务测验

一、单选题

1. 在 BBU 对接配置中,配置去往 CUCP 的 SCTP 偶联时,所选择的链路类型是(　　)。

答案
任务 3.3 测验答案

    A. NG 偶联　　　　　　　　　　B. XN 偶联

    C. F1 偶联　　　　　　　　　　D. E1 偶联

2. 配置 Option 3x BBU 中的双连接承载类型应该是(　　)。

    A. SCG 模式　　　　　　　　　B. SCG Split 模式

    C. MCG 模式　　　　　　　　　D. 无

3. 在 QoS 业务配置中,当核心网为 EPC 时,QoS 标识类型对应选择(　　)。

    A. QCI　　　　　　　　　　　　B. 5QI

    C. 6QI　　　　　　　　　　　　D. OCI

4. 在 QoS 业务配置中,QoS 分类标识为 5 时,对应的业务类型名称是(　　)。

    A. VoIP　　　　　　　　　　　　B. IMS signaling

    C. VIP default bearer　　　　　　D. NVIP default bearer

二、简答题

"SRS 的 slot 序号"的含义是什么?

任务 3.4　配置 Option 3x 承载网数据

任务描述

本任务在前期 5G 机房设备部署及 Option 3x 承载网工程参数规划完成的情况下,进行 Option 3x 承载网数据配置,包括 SPN、OTN 等配置。

通过本任务,可以了解 Option 3x 承载网数据配置的基本内容和基本流程,加深对 Option 3x 承载网数据配置的理解。

任务准备

为了完成本任务，需要做以下知识准备：
（1）掌握承载网配置流程。
（2）掌握承载网工程参数规划。

1. 承载网配置流程

承载网配置流程如图 3-7 所示。

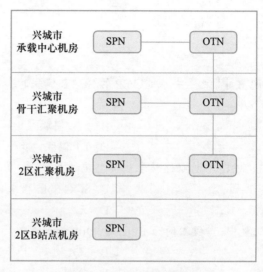

图 3-7　承载网配置流程

2. 承载网工程参数规划

Option 3x 承载网相关重要参数及参数规划可参考任务 3.1。

任务实施

本任务需要进行承载网机房 SPN、OTN 等数据配置，以兴城市为例，完成 Option 3x 承载网数据配置。

1. 兴城市承载中心机房数据配置

打开 5G 全网软件，依次选择"网络配置"→"数据配置"→"承载网"→"兴城市承载中心机房"。

步骤 1：SPN1 物理接口配置。

单击"网元配置"节点下的 SPN1 网元，再单击"物理接口配置"选项，按照数据规划配置 6/1 及 6/2 接口的 IP，配置完成后单击"确定"按钮进行保存。兴城市承载中心机房中 SPN1 物理接口配置参数说明及规划示例如表 3-53 所示。

表 3-53　SPN1 物理接口配置参数说明及规划示例

参数名称	参数说明	规划示例
接口状态	接口的状态	UP
IP 地址	接口地址	6/1 接口：192.168.11.1 6/2 接口：192.168.10.2
子网掩码	接口地址可用的主机数量	255.255.255.252

步骤 2：SPN1 OSPF 全局配置。

单击"OSPF 路由配置"→"OSPF 全局配置"选项，进行 OSPF 全局配置，配置完成后单击"确定"按钮进行保存。OSPF 全局配置参数说明及规划示例如表 3-54 所示。

表 3-54　OSPF 全局配置参数说明及规划示例

参数名称	参数说明	规划示例
全局 OSPF 状态	接口的状态	启用
进程号	表示一个进程	1
router-id	路由器的标识地址	192.168.11.1

步骤 3：SPN1 OSPF 接口配置。

单击"OSPF 路由配置"→"OSPF 接口配置"选项，进行 OSPF 接口配置，注意将 OSPF 状态选为"启用"，配置完成后单击"确定"按钮进行保存。

步骤 4：OTN 频率配置。

单击"网元配置"节点下的 OTN 网元，再单击"频率配置"选项，按照数据规划进行配置，配置完成后单击"确定"按钮进行保存。OTN 频率配置参数说明及规划示例如表 3-55 所示。

表 3-55　OTN 频率配置参数说明及规划示例

参数名称	参数说明	规划示例
单板	OTU 光信号转换单板，分 10GE、40GE、100GE、200GE，主要用来连接网络设备，如 SPN、RT 等	OTU100G
槽位	接口所在设备上面的位置	15
接口	设备接入后走单纤线路，T 代表发，R 代表收	L1T
频率	代表设备连续通道，共 10 个通道	CH1--192.1THz

2. 兴城市骨干汇聚机房数据配置

步骤 1：SPN1 物理接口配置。

按照数据规划配置 6/1 及 6/2 接口的 IP，配置原则同兴城市承载中心机房。

步骤 2：SPN1 OSPF 全局配置。

router-id 可配置为 192.168.12.1，其余参数的配置原则同兴城市承载中心机房。

步骤 3：SPN1 OSPF 接口配置。

将 OSPF 状态选为"启用"。

步骤 4：OTN 频率配置。

按照数据规划配置 15 号槽位及 35 号槽位两个端口频率，两个槽位的配置原则同兴城市承载中心机房。

3. 兴城市 2 区汇聚机房数据配置

配置步骤与兴城市承载中心机房一致，按照数据规划进行配置即可。

4. 兴城市 2 区 B 站点机房数据配置

此处仅配置 SPN 即可，无须配置 OTN。配置步骤与前述类似。

任务拓展

思考一下，承载网机房中 SPN 设备对接的接口 IP 地址是如何规划的？

任务测验

答案
任务 3.4 测验答案

一、单选题

1. 兴城市承载中心机房中，SPN 设备与 OTN 设备连接时，OTN 设备使用的单板是（　　）。

A. OTU 单板　　　　　　　　　　　　B. OMU 单板

C. OBA 单板　　　　　　　　　　　　D. OPA 单板

2. 承载网中 SPN 设备对接的物理接口地址掩码至少是（　　）位掩码。

A. 24　　　　　　B. 28　　　　　　C. 30　　　　　　D. 32

3. 大型 OTN 设备，频率配置中可以选择的对应频率为（　　）。

A. CH1--192.1THz~CH10--192.1THz

B. CH1--192.1THz~CH8--192.1THz

C. CH1--192.1THz~CH6--192.1THz

D. CH1--192.1THz~CH4--192.1THz

4. 30 位的子网掩码，可以使用的主机 IP 地址有（　　）个。

A. 1　　　　　　B. 2　　　　　　C. 3　　　　　　D. 4

二、简答题

设备接入后走单纤线路，T 和 R 分别代表什么意思？

项目总结

本项目介绍了 5G 网络开通配置的基本流程，重点讲解了 Option 3x 核心网数据配置、站点数据配置、承载网数据配置。通过本项目，可掌握 Option 3x 网络开通配置的全流程。

本项目学习的重点主要是：Option 3x 网络开通调试的基本流程；Option 3x 核心网数据配置；Option 3x 站点数据配置；Option 3x 承载网数据配置

本项目学习的难点主要是：理解数据间的对应与关联关系。

赛事模拟

【节选自 2021 年全国职业院校技能大赛"5G 全网建设技术"赛项国赛赛题】

结合 4G、5G 时代发展需要，兴城市、建安市、四水市计划部署新建 5G 网络，这三个城市属于新建城区，既有网络覆盖薄弱且资金充足，计划采用 Option 3x、Option 2 的网络架构。目前部分工程建设已经完成，但由于部分机房设备和参数未配置，导致业务无法开通，请根据给出的设备配置和数据配置补全参数。

（1）三个城市中已有设备、连线、参数均不可修改（赛事已设置自动监控，对原有配置数据改动一处扣 5 分，直到该项总分扣完为止）。三个城市采用 NSA 或 SA 组网模式，涵盖 Opiton 3x、Option 2 两种选项，其中四水市未部署核心网机房，无线网采用 CU、DU 合设或分离部署模式。承载网设计需符合运营商网络架构设计要求，在网络层次上分为接入层、区域汇聚层、骨干汇聚层和核心层，实现业务逐级收敛。承载网各层级设备间必须采用环形组网实现业务的冗余保护。

（2）在工程模式下，实现兴城市 JAB1、JAB2、JAB3、JAC1、JAC2、JAC3，建安市 XCB1、XCB2、XCB3、SSA1、SSA2、SSA3 共 12 个小区的终端业务正常。

【解析】

此题属于数据完善题，重点考查学生对数据之间关系的理解情况，看其能否在部分已知数据的基础上，补全其余未配置数据，完成 5G NSA 网络开通调试。要求学生掌握网络开通调试的基本步骤，并能根据已有参数完成开通配置。

项目 **4**

建设 5G 独立组网模式
（Option 2）

☑ 项目引入

　　在 Option 2 组网架构下，核心网为新一代 5GC 核心网，实现了控制面与用户面的分离，业务验证时通过注册与会话的独立验证，检查控制面与用户面的连接。5G 全新的网络架构主要依托软件定义网络以及网络功能虚拟化，相较于传统网络，5G 网络更加分散，同时也更具灵活性。5G 网络在服务化功能设计的支持下，可以结合需求对网络功能进行合理组合，以便满足应用需求。

　　本项目将通过 3 个任务对 Option 2 组网进行配置。通过此项目，可以掌握 Option 2 5GC 核心网和站点机房的开通关键参数与配置规范，了解各 NF 的基本功能与作用，并可以独立完成核心网基础业务开通。

☑ 知识图谱

本项目知识图谱如图 4-1 所示。

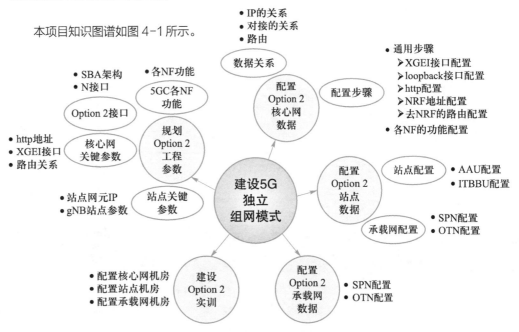

图 4-1　项目 4 知识图谱

☑ 项目目标

➢ 知识目标
- 掌握 Option 2 工程参数规划。
- 掌握 5GC 核心网数据配置。
- 掌握站点及承载网数据配置。

➢ 能力目标
- 具备作为网络维护人员进行网络优化配置的能力。
- 具备作为网络优化人员对网络优化参数进行分析与优化的能力。

➢ 素养目标
- 具有遵守行业标准和技术规范的意识和职业素养。
- 具有团队协作、团队互助等意识。

➢ "5G 移动网络运维"职业技能等级证书考点
- （初级）达到网络优化模块中后台 KPI 分析与参数配置要求。
- （中级）达到网络维护模块中网络对接及专项作业实施要求。
- （高级）达到站点工程模块中网络架构设计及组网规划要求。

任务 4.1　规划 Option 2 工程参数

任务描述

本任务在了解 Option 2 关键工程参数的情况下,完成在 Option 2 组网架构下对核心网、承载网和无线网的工程参数规划。

通过本任务,可以了解各 NF 的基本功能与作用,掌握 Option 2 5GC 核心网、承载网与无线网的关键参数原理与配置规范。

任务准备

为了完成本任务,需要做以下知识准备:

(1)了解 5GC 各 NF 功能。

(2)了解 Option 2 接口。

(3)了解 Option 2 各类重要参数解释。

微课
Option 2 模式网络
特征

1. 5GC 各 NF 功能

5GC 的网络架构可参考任务 1.1 中的描述。5GC 采用了全新的网络架构,不再由网元组成,而是包含了 AMF、SMF、UDM、PCF、NRF、NSSF、AUSF、NEF、UPF 等关键网络功能(NF)。5GC 各 NF 功能的详细解释如表 4–1 所示。

表 4–1　5GC 各 NF 功能

网络功能	英文名	中文名	功能
AMF	access and mobility management function	接入和移动性管理功能	完成移动性管理、NAS MM 信令处理、NAS SM 信令路由、安全锚点和安全上下文管理等
SMF	session management function	会话管理功能	完成会话管理、UE IP 地址分配和管理、UP 选择和控制等
UDM	unified data management	统一数据管理	管理和存储签约的数据、鉴权数据
PCF	policy control function	策略控制功能	支持统一策略框架,提供策略规则
NRF	NF repository function	网络存储功能	维护已部署 NF 的信息,处理从其他 NF 过来的 NF 发现请求
NSSF	network slice selection function	网络切片选择功能	完成切片选择功能
AUSF	authentication server function	鉴权服务器功能	完成鉴权服务功能
NEF	network exposure function	网络开放功能	开放各网络功能的能力,完成内外部信息的转换
UPF	user plane function	用户面功能	完成用户面转发处理

　　5G 核心网中的不同网络功能可根据需要自由组合与增减，且与 LTE 核心网相同，实现了用户面和控制面独立。从具体实现的功能来看，5GC 中诸多网络功能与 EPC 中网元的作用存在一定的关联，对比关系如表 4-2 所示。

表 4-2　5GC NF 与 LTE NE 对比

5G 网络功能	功能简介	4G 中类似的网元
AMF	接入和移动性管理功能，注册管理/连接管理/可达性管理/移动管理/访问身份验证、授权、短消息等，是终端和无线的核心网控制面接入点	MME 中的接入管理功能
AUSF	鉴权服务器功能，实现 3GPP 和非 3GPP 的接入认证	MME 中的鉴权部分+EPC AAA
UDM	统一数据管理功能，3GPP AKA（认证与密钥协商）/用户识别/访问授权/注册/移动/订阅/短信管理等	HSS+SPR
PCF	策略控制功能，统一的策略框架，提供控制平面功能的策略规则	PCRF
SMF	会话管理功能，隧道维护/IP 地址分配和管理/UP 功能选择/策略实施和 QoS 中的控制部分/计费数据采集/漫游功能等	MME+SGW+PGW 中的会话管理等控制面功能
UPF	用户面功能，分组路由转发/策略实施/流量报告/QoS 处理	SGW-U+PGW-U
NRF	网络存储功能，服务发现/维护可用的 NF 实例的信息以及支持的服务	无
NEF	网络开放功能，开放各网络功能的能力/内外部信息的转换	SCEF 中的能力开放部分
NSSF	网络切片选择功能，选择为 UE 服务的一组网络切片实例	无

2. Option 2 接口

　　5G 网络采用开放的服务化架构（SBA），NF 以服务的方式呈现，任何其他 NF 或业务应用都可以通过标准规范的接口访问该 NF 提供的 SBA。5GC 网络架构及接口如图 4-2 所示。图中各 NF 之间的接口属于基于服务的接口（SBI），在控制面使用 Namf、Nnrf 等。SBI 类似一个总线结构，每个网络功能通过 SBI 接入总线，接入总线的 NF 间可实现通信。SBI 均采用下一代超文本传输协议 HTTP 2.0，应用层携带不同的服务消息。

　　5GC 控制面将传统 EPC 网络的 MME、PCRF、HSS 等网元进行功能模块化解耦，通过 AMF、AUSF、NRF、PCF 等 NF 即可实现控制面信令传输。用户面以 SMF 为关键会话节点，通过 SMF、NRF、UPF、NSSF 等网络功能协同，实现数据传输，其中 UPF 可与 MEC（移动边缘计算）服务器部署在接入侧、汇聚侧或核心侧，以满足不同业务的时延与精度需求。在进行对外通信时，控制面 AMF 通过 N2 接口与无线侧对接，用户面 UPF 通过 N3 接口与无线侧对接，同时 UPF 通过 N6 接口与 DN 服务器对接。

3. Option 2 各类重要参数解释

　　1）核心网各 NF 的 http 地址

　　在 5GC 中，各 NF 间需要通过 HTTP 2.0 协议通信，因此各 NF 都需要通信的 IP 地址，包括客户端和服务端两个地址。

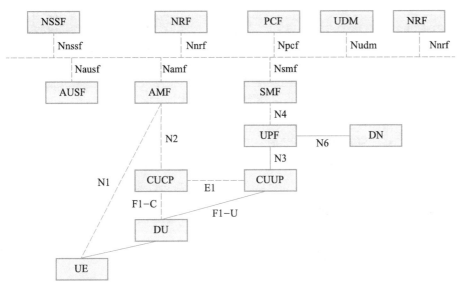

图 4-2 5GC 网络架构及接口

在 Option 2 组网中,所有的虚拟网元(UPF 除外)都需要到 NRF 注册,注册完成后才能进一步处理业务,因此 NRF 的 http 地址尤其重要。所有 NF(UPF 除外)均需要配置去往 NRF 的路由,此时遵循"客户端访服务端,服务端访客户端"的配置原则。

2)核心网各 NF 的虚拟接口

5GC 中各 NF 均有 http 地址,如果有 N 接口(如 N2、N3、N4 接口),还需要 N 接口地址和环回(loopback)地址(一般二者设置成一样)。这些地址都需要映射到虚拟接口 XGEI 地址上,并且每个 XGEI 地址要配置相应的 VLAN。

因此每个 NF 都有多个 XGEI 地址。例如,AMF 有 http 服务器地址、http 客户端地址,还有 N2 接口地址和 loopback 地址(二者一样),因此需要配置 3 个 XGEI 地址,对应 3 个不同的 VLAN ID。

3)其他重要参数

其他重要参数解释如表 4-3 所示。

表 4-3 其他重要参数解释

参数名称	参数说明
SNSSAI 标识	切片标识 ID
SST	切片类型,有 4 个选项:eMBB、URLLC、mMTC、V2X
SD	此处自定义,遇到 SD(切片鉴别器)全网保持一致,代表切片类型对应的实体业务
DNN	数据网络名称,和 APN 功能相同
地址池名称	自定义名称
地址池优先级	用户自定义,值越小,优先级越高,默认为 1
地址池起始地址	用户可以获取的 IP 地址,最小不能小于软件中设置的地址

续表

参数名称	参数说明
地址池终止地址	用户可以获取的最大地址,不能超过最大的一个地址
UPF ID	要与 UPF 用户面 ID 保持一致
路由指示码	路由的指示标识码,需要与终端信息配置保持一致
SUPI 起始号段	起始 SUPI,需将所配置的 SUPI 包含在内
SUPI 终止号段	终止 SUPI,需将所配置的 SUPI 包含在内
5QI	QoS 分类标识,1 代表短信,5 代表语音,8/9 代表视频,83 代表车载
SUPI	用户永久标识符,由 MCC+MNC+MSIN 组成,可以采用已有的用户标识
GPSI	由 11 位数字组成,表示手机号码
鉴权管理域	用户鉴权的一个管理区域
KI	终端要注册网络时的鉴权
鉴权算法	终端鉴权时所采用的算法

任务实施

为了完成本任务,需要进行 Option 2 设备网元统计,以及核心网网元的 IP 地址及网关 IP 地址、承载网网元的 IP 地址、无线站点网元的 IP 地址、无线网小区的关键参数、对接端口等的规划。

微课

Option 2 数据关系及规划

1. 核心网工程参数规划

步骤 1:网元和接口地址规划。

为各个虚拟网元规划一个客户端地址和一个服务端地址(客户端地址和服务端地址可以一样),要求在全网是唯一的地址(建议规划 30 位子网掩码的地址)。

规划核心网 N2、N3、N4 接口地址,同时作为 loopback 地址。要求在全网是唯一的地址(建议规划 30 位子网掩码的地址)。

步骤 2:IP 地址的 VLAN ID 配置。

给每个 IP 地址规划一个 VLAN ID。每个网元的地址所绑定的 VLAN ID 应保持独立,不与其他网元的 VLAN ID 冲突。Option 2 核心网 IP 地址规划如表 4-4 所示。

表 4-4　Option 2 核心网 IP 地址规划

网元名称	地址类别	对应 XGEI 接口	规划 IP 地址/掩码(位)	规划网关 IP 地址/掩码(位)	对应 VLAN ID
AMF	客户端地址	XGEI 接口地址 1	11.1.1.1/30	11.1.1.2/30	11
	服务端地址	XGEI 接口地址 2	20.1.1.1/30	20.1.1.2/30	20
	N2 接口地址/loopback	XGEI 接口地址 3	30.1.1.1/30	30.1.1.2/30	30
UPF	N3 接口地址/loopback	XGEI 接口地址 1	40.1.1.1/30	40.1.1.2/30	40
	N4 接口地址/loopback	XGEI 接口地址 2	50.1.1.1/30	50.1.1.2/30	50

续表

网元名称	地址类别	对应 XGEI 接口	规划 IP 地址/掩码(位)	规划网关 IP 地址/掩码(位)	对应 VLAN ID
SMF	N4 接口地址/loopback	XGEI 接口地址 1	60.1.1.1/30	60.1.1.2/30	60
	客户端地址	XGEI 接口地址 2	70.1.1.1/30	70.1.1.2/30	70
	服务端地址	XGEI 接口地址 3	80.1.1.1/30	80.1.1.2/30	80
AUSF	客户端地址	XGEI 接口地址 1	90.1.1.1/30	90.1.1.2/30	90
	服务端地址	XGEI 接口地址 2	100.1.1.1/30	100.1.1.2/30	100
UDM	客户端地址	XGEI 接口地址 1	101.1.1.1/30	101.1.1.2/30	101
	服务端地址	XGEI 接口地址 2	102.1.1.1/30	102.1.1.2/30	102
NSSF	客户端地址	XGEI 接口地址 1	103.1.1.1/30	103.1.1.2/30	103
	服务端地址	XGEI 接口地址 2	104.1.1.1/30	104.1.1.2/30	104
NRF	客户端地址	XGEI 接口地址 1	105.1.1.1/30	105.1.1.2/30	105
	服务端地址	XGEI 接口地址 2	106.1.1.1/30	106.1.1.2/30	106
PCF	客户端地址	XGEI 接口地址 1	107.1.1.1/30	107.1.1.2/30	107
	服务端地址	XGEI 接口地址 2	108.1.1.1/30	108.1.1.2/30	108

2. 承载网工程参数规划

规划承载网拓扑以及接口 IP 地址,如图 4-3 所示。

3. 无线网工程参数规划

步骤 1:无线站点网元的 IP 地址规划,如表 4-5 所示。

表 4-5 无线站点网元的 IP 地址规划

网元名称	接口地址	网元名称	网关地址	VLAN ID
DU	20.20.20.20/24	SPN	20.20.20.1/24	20
CUCP	30.30.30.30/24	SPN	30.30.30.1/24	30
CUUP	40.40.40.40/24	SPN	40.40.40.1/24	40

步骤 2:无线网小区的关键参数规划。

规划小区的基站标识、PCI、TAC、中心载频、Point A 频点、系统带宽、子载波间隔等关键参数。规划示例如表 4-6、表 4-7 所示。

表 4-6 小区参数规划示例(1)

NR 网元管理	基站标识	制式	移动国家码(MCC)	移动网络码(MNC)	网络模式	AAU 频段范围	DNN 名称
	2	TDD	460	00	SA	3 400~3 800 MHz	dnnt

核心网SW1

192.168.20.1/30
192.168.20.2/30

承载中心机房SPN1

192.168.21.1/30
192.168.21.2/30

骨干汇聚机房SPN1

192.168.22.1/30
192.168.22.2/30

3区汇聚机房SPN1

192.168.23.1/30
192.168.23.2/30

B站点机房

图 4-3 承载网接口 IP 地址规划

表 4-7　小区参数规划示例（2）

基站标识	PLMN	DU 小区标识	TAC	PCI	频段指示	中心载频
2	46000	1	1122	7	78	630 000
		2	1122	8	78	630 000
		3	1122	9	78	630 000

下行 Point A 频点	上行 Point A 频点	系统带宽（RB 数）	SSB 测量频点	测量子载波间隔/kHz	系统子载波间隔/kHz	小区 RE 参考功率/0.1 dBm
626 724	626 724	273	630 000	30	30	180
626 724	626 724	273	630 000	30	30	180
626 724	626 724	273	630 000	30	30	180

步骤 3：对接端口规划。

在数据配置中需要进行对接链路的配置，此时需要预先规划好对接端口，不能重复。图 4-4 所示为 Option 2 对接端口规划，数字代表对接端口号。

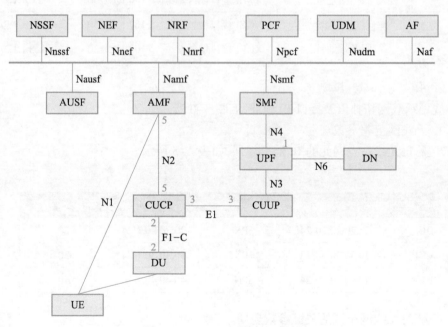

图 4-4　Option 2 对接端口规划

任务拓展

思考一下，如何规划一套不同的 Option 2 IP 地址参数？

任务测验

单选题

1. 负责提供服务发现功能的 NF 是（　　　）。
　　A. AMF　　　　　B. SMF　　　　　C. NRF　　　　　D. UDM
2. （　　　）是不基于服务化架构的微服务组件。
　　A. NRF　　　　　B. UPF　　　　　C. AUSF　　　　　D. MME
3. UPF 对外接口是（　　　）。
　　A. N2/3/4　　　　B. N3/4/6　　　　C. N5/8　　　　　D. N10/11
4. 负责提供网络开放功能的 NF 是（　　　）。
　　A. NRF　　　　　B. SMF　　　　　C. DN　　　　　D. NEF
5. 与 5GC 中的 AMF 网络功能类似的 4G 网元是（　　　）。
　　A. MME　　　　　B. SGW　　　　　C. PGW　　　　　D. HSS

答案
任务 4.1 测验答案

任务 4.2　配置 Option 2 核心网数据

任务描述

本任务在完成 Option 2 工程参数规划的情况下，对 Option 2 5GC 核心网进行数据配置。

通过本任务，可以掌握 Option 2 5GC 核心网开通关键参数的原理与配置规范，了解各 NF 的基本功能与作用，并可以独立完成核心网基础业务开通。

微课
Option 2 核心网机房配置（1）

任务准备

为了完成本任务，需要做以下知识准备：了解 5GC 数据配置流程。

5G 核心网根据组网架构的差异有所不同，Option 2 组网架构下采用 5GC 核心网。由于 5GC 核心网采用虚拟化 NFV 部署模式，其数据规划及配置与 EPC 核心网大相径庭。5GC 核心网配置主要分为以下 9 个步骤：

步骤 1：NRF 开通配置，包含基础参数、路由等配置。

步骤 2：AMF 开通配置，包含基础参数、对接、路由、AMF 功能等配置。

步骤 3：SMF 开通配置，包含基础参数、对接、路由、地址池及 TAC 等配置。

步骤 4：UDM 开通配置，包含基础参数、路由、用户开户信息等配置。

步骤 5：UPF 开通配置，包含基础参数、对接、路由、地址池、公共及切片功能等配置。

步骤 6：PCF 开通配置，包含基础参数、路由、SUPI 号段、策略等配置。

步骤 7：NSSF 开通配置，包含基础参数、路由、切片 SNSSAI 等配置。

微课
Option 2 核心网机房配置（2）

演示视频
Option 2 核心网数据配置演示（1）

演示视频
Option 2 核心网数
据配置演示（2）

演示视频
Option 2 核心网数
据配置演示（3）

步骤 8：AUSF 开通配置，包含基础参数、路由、AUSF 功能等配置。

步骤 9：SWITCH 开通配置，配置所有 IP 地址的网关地址。

任务实施

本任务需要进行 Option 2 核心网各网络功能的数据配置，实现核心网的开通。

打开 5G 全网软件，依次选择"网络配置"→"数据配置"→"核心网"→"建安市核心网机房"。单击"网元配置"右侧的"+"按钮，依次添加 AMF、SMF、AUSF、UDM、NSSF、PCF、NRF 网元。

依次单击各网元的配置项目，完成全部配置。配置参数可参考任务 4.1 中规划的各项取值。

1. NRF 开通配置

步骤 1：XGEI 接口配置。

根据规划，NRF 需要配置两个 XGEI 接口，分别对应 http 客户端地址和服务端地址。XGEI 接口配置参数说明及规划示例如表 4-8 所示。

表 4-8　XGEI 接口配置参数说明及规划示例

参数名称	参数说明	规划示例
接口 ID	用于标识接口，增加多个接口时不可重复	1/2
VLAN 配置	默认启用，表示该接口可以使用	启用
VLAN ID	VLAN 的端口号，具有唯一性	按规划表，105/106
XGEI 接口地址	网元的接口地址	按规划表，105.1.1.1/106.1.1.1
XGEI 接口掩码	接口地址可用的主机数量	30 位，255.255.255.252
描述	自定义描述，帮助用户迅速记忆该配置	自描述

步骤 2：http 配置。

http 配置包括客户端地址、服务端地址以及服务端端口的配置。http 配置参数说明及规划示例如表 4-9 所示。

表 4-9　http 配置参数说明及规划示例

参数名称	参数说明	规划示例
客户端地址	一个客户端地址	按规划表，105.1.1.1
服务端地址	一个服务端地址	按规划表，106.1.1.1
服务端端口	所使用的服务端端口号，所有服务端端口需保持一致	1

步骤 3：虚拟路由配置。

在 Option 2 组网中，所有的虚拟网元（UPF 除外）都需要到 NRF 注册，注册完成后才能进一步做业务，因此这里的路由都是通往各 NF 的路由。注意在配置路由时，必须遵循"客户端访服务端,服务端访客户端"的原则。本书中每个 NF 规划的客户端和服务端地址是不同的,因此 NRF 去往 6 个 NF 的所有路由应该有 12 条。

以 NRF 去往 AMF 的路由为例,虚拟路由配置参数说明及规划示例如表 4-10 所示。

表 4-10　NRF 去往 AMF 的虚拟路由配置参数说明及规划示例

参数名称	参数说明	规划示例
路由 ID	标识一条路由	1/2
目的地址	需要访问的目的端的地址	AMF 客户端 11.1.1.1/ AMF 服务端 20.1.1.1
掩码	目的地址的路由掩码,32 位	255.255.255.255
下一跳	网元的下一跳地址,即网关地址	NRF 服务端网关 106.1.1.2/ NRF 客户端网关 105.1.1.2
优先级	路由优先级	1

2. AMF 开通配置

在 SA 组网中,用一台服务器来虚拟所有的网元功能,这些虚拟的网元功能在配置中大致相同,都有 XGEI 接口配置、loopback 接口配置、http 配置,这三项是最基础的配置。所有的核心网元中这三项配置方法都一致。下面就以 AMF 为例详细叙述 XGEI 接口、loopback 接口以及 http 的配置方法,后续不再做详细解释。各网元的 IP 地址规划参考表 4-4。

步骤 1:XGEI 接口配置。

根据规划,AMF 需要添加 3 个 XGEI 接口,分别对应 http 客户端地址、http 服务端地址、N2 接口地址,相关参数均根据数据规划进行配置,并启用 VLAN 配置,各参数含义可参考表 4-8 。

步骤 2:loopback 接口配置。

loopback 回环接口地址和 N2 接口地址一致,主要用于和 CUCP 对接。按照表 4-4 的规划,loopback 接口配置参数说明及规划示例如表 4-11 所示。

表 4-11　loopback 接口配置参数说明及规划示例

参数名称	参数说明	规划示例
接口 ID	用于标识接口,增加多个接口时不可重复	1
loopback 地址	环回地址	按规划表,30.1.1.1
loopback 掩码	loopback 接口地址可用的主机数量	255.255.255.252
描述	自定义描述,帮助用户迅速记忆该配置	N2

步骤 3:http 配置。

此处根据规划配置 AMF 的服务端和客户端地址即可,注意服务端端口要与 NRF 的服务端端口保持一致,建安市核心网机房中所有 NF 的服务端端口都填"1"。

步骤 4：虚拟路由配置。

在 Option 2 组网中，所有的虚拟网元（UPF 除外）都需要到 NRF 注册，注册完成后才能进一步处理业务，因此这里必须有一条通往 NRF 的路由。另外由图 4-2 可知，AMF 通过 N2 接口与基站 CUCP 相连，因此还需要配置一条通往 CUCP 的路由，这里可以配置一条默认路由，直接去往 N2 接口的网关。虚拟路由配置参数规划示例如表 4-12 所示。

表 4-12 虚拟路由配置参数规划示例

参数名称	路由 1	路由 2	路由 3
目的地址	NRF 客户端地址	NRF 服务端地址	0.0.0.0
掩码	255.255.255.255	255.255.255.255	0.0.0.0
下一跳	AMF 服务端网关	AMF 客户端网关	AMF N2 接口网关
优先级	1	1	1
描述	去 NRF 客户端	去 NRF 服务端	去基站

步骤 5：NRF 地址配置。

根据数据规划进行 NRF 地址配置，因为 NRF 的客户端和服务端配置的 IP 不同，因此这里需要添加 2 条 NRF 地址。注意 NRF 的端口都填"1"。

步骤 6：SCTP 配置。

这里的 SCTP 对接配置需要根据网络架构间的对接逐条添加。如图 4-4 所示，AMF 需要与 CUCP 对接，因此需要配置一条 SCTP 对接，端口双方均规划为 5。SCTP 配置参数说明及规划示例如表 4-13 所示。

表 4-13 SCTP 配置参数说明及规划示例

参数名称	参数说明	规划示例
偶联 ID	用于标识偶联，增加多条时不可重复	1
本地偶联端口号	AMF 的端口号	按端口规划
对端偶联端口号	对端的端口号，与 CUCP 侧协商一致	按端口规划
本端 IP 地址	本端与 CUCP 对接的 N2 地址，即 loopback 地址	AMF N2 接口地址

步骤 7：AMF 功能配置。

单击 AMF→"AMF 功能配置"选项，其下包含本局配置和 AMF 跟踪区配置。

本局配置主要是配置一些标识符，用户自定义即可。本局配置参数说明及规划示例如表 4-14 所示。

AMF 跟踪区配置参数 MCC、MNC、TAC 均根据数据规划填写即可，其中跟踪区标识和跟踪区名称自定义即可。

步骤 8：切片策略配置。

切片策略配置用来设置切片签约的信息。先单击 AMF→"切片策略配置"→"NSSF 地址配置"选项进行配置。其中，NSSF 客户端地址、NSSF 服务端地址均根据数据规划

表 4-14 本局配置参数说明及规划示例

参数名称	参数说明	规划示例
AMF 编号	该网络中唯一识别 AMF 的编号	用户自定义即可,默认为 1
AMF 名称	该网络中识别 AMF 的名称	用户自定义即可
GUAMI 标识	全球唯一 AMF 标识符	用户自定义即可,默认为 1
Region 标识	AMF 地区标识,用于标识一个区域	用户自定义即可,默认为 1
Set 标识	AMF 组标识,用于在某 AMF 区域中唯一标识一组 AMF	用户自定义即可,默认为 1
Point 标识	AMF 指针标识,用于在该 AMF 组中唯一标识一个 AMF	用户自定义即可,默认为 1
携带 PCF 信息策略	是否携带 PCF 信息策略	此处配置为携带 PCF

进行填写,NSSF 端口号与全网保持一致,这里填 "1"。

接着单击 "SNSSAI 配置" 选项进行配置。Option 2 中需要配置一些切片参数,切片是 5GC 提供的新业务功能,有关切片的具体解释可参考项目 7。在配置建安市核心网数据和站点数据时,涉及切片的核心参数(SNSSAI 标识、SST 和 SD)均按照表 7-2 中的规划示例取值。因此,此处 SNSSAI 标识填 "1",SST 选择 "V2X 类型",SD 填 "1",后续这三个参数均按此配置。

步骤 9:NF 发现策略。

单击 AMF→"NF 发现策略" 选项进行配置。NF 发现策略配置参数说明及规划示例如表 4-15 所示。

表 4-15 NF 发现策略配置参数说明及规划示例

参数名称	参数说明	规划示例
发现 AUSF 方式	AMF 发现 AUSF 方式的选择,默认选择 "路由指示码优先"	路由指示码优先
发现 PCF 方式携带 SUPI	选择 "支持",代表 "发现 PCF 支持携带 SUPI"	支持
发现 SMF 方式携带 DNN	选择 "支持",代表 "发现 SMF 支持携带 DNN"	支持
发现 SMF 方式携带 SNSSAI	选择 "支持",代表 "发现 SMF 支持携带 SNSSAI"	支持
发现 SMF 方式携带跟踪区标识	选择 "支持",代表 "发现 SMF 支持携带跟踪区标识"	支持
发现 SMF 方式携带 PLMN	选择 "支持",代表 "发现 SMF 支持携带 PLMN"	支持
发现 UDM 方式	AMF 发现 UDM 方式的选择,默认选择 "路由指示码优先"	路由指示码优先
发现 AMF 方式携带 Region	选择 "支持",代表 "发现 AMF 支持携带 Region"	支持
发现 AMF 方式携带 Set	选择 "支持",代表 "发现 AMF 支持携带 Set"	支持
发现 AMF 方式携带 SNSSAI	选择 "支持",代表 "发现 AMF 支持携带 SNSSAI"	支持

3. SMF 开通配置

步骤 1:虚拟接口配置(包括 XGEI 接口配置、Loopback 配置)、http 配置、NRF 地址配置。

以上配置参数说明及配置原则可参考前述 "AMF 开通配置" 部分。

步骤 2：虚拟路由配置。

此处需要配置 3 条路由，分别通往 UPF 的 N4 接口以及 NRF 的客户端和服务端。具体的参数说明及配置原则可参考前述 "AMF 开通配置" 部分。

步骤 3：地址池配置。

单击 SMF→"地址池配置" 选项进行配置。地址池配置参数说明及规划示例如表 4-16 所示。

表 4-16　地址池配置参数说明及规划示例（SMF）

参数名称	参数说明	规划示例
DNN 名称	数据网络名称，和 APN 功能相同	按规划表，dnnt
地址池名称	自定义名称	1
地址池优先级	用户自定义，默认为 1	1
地址池起始地址	用户可以获取的 IP 地址，最小不能小于软件中设置的地址	自定义，120.1.1.1
地址池终止地址	用户可以获取的最大地址，不能超过最大的一个地址	自定义，120.1.1.250
掩码	与 IP 地址一一对应	255.255.255.0
UPF ID	与 UPF 用户面 ID 保持一致	1

步骤 4：N4 对接配置。

此处需要配置 SMF 的 N4 接口地址、UPF 的 N4 接口地址。N4 对接配置参数说明及规划示例如表 4-17 所示。

表 4-17　N4 对接配置参数说明及规划示例

配置步骤	参数名称	参数说明	规划示例
SMF N4 接口配置	IP 地址	SMF 的 N4 接口地址，用于与 UPF 对接	SMF N4 接口地址，60.1.1.1
UPF N4 接口配置	用户面 ID	与 UPF 用户面 ID 保持一致	1
	ID 地址	UPF 的 N4 接口地址，用于与 SMF 对接	UPF N4 接口地址，50.1.1.1
	端口	与 SMF 对接两端端口号保持一致	按规划表，1

步骤 5：TAC 分段配置。

单击 SMF→"N4 对接配置"→"TAC 分段配置" 选项进行配置。TAC 分段配置参数说明及规划示例如表 4-18 所示。

表 4-18　TAC 分段配置参数说明及规划示例

参数名称	参数说明	规划示例
MCC、MNC	所有切片类型与无线侧以及核心侧 MCC、MNC 保持一致	按规划表
段名称	自定义	1
起始	定义 TAC 段的开始地址	000000

续表

参数名称	参数说明	规划示例
终止	定义 TAC 段的终止地址	FFFFFF
对应 UPF ID	所有 UPF ID 需保持一致	1
对应 SNSSAI	与前述 SNSSAI 保持一致	1

步骤 6：SMF 切片功能配置。

单击 SMF→"SMF 切片功能配置"→"UPF 支持的 SNSSAI"及"SMF 支持的 SNSSAI"选项进行配置。SMF 切片功能配置参数说明及规划示例如表 4-19 所示。

表 4-19　SMF 切片功能配置参数说明及规划示例

参数名称	参数说明	规划示例
UPF ID	所有 UPF ID 需保持一致	1
SST、SD、SNSSAI 标识	表示切片 SNSSAI 的三个重要参数	与前述配置一致

4. UDM 开通配置

步骤 1：虚拟接口配置、http 配置、NRF 地址配置、虚拟路由配置。

配置原则可参考前述"AMF 开通配置"部分。

步骤 2：UDM 功能配置。

单击 UDM→"UDM 功能配置"选项进行配置，需要配置路由指示码以及设备 SUPI 的号段范围。UDM 功能配置参数说明及规划示例如表 4-20 所示。

表 4-20　UDM 功能配置参数说明及规划示例

参数名称	参数说明	规划示例
路由指示码	路由的指示标识码，需要与终端信息配置保持一致	1
SUPI 起始号段	起始 SUPI，需将所配置的 SUPI 包含在内	可设为 15 个 0
SUPI 终止号段	终止 SUPI，需将所配置的 SUPI 包含在内	可设为 16 个 9

步骤 3：用户签约配置。

用户签约配置用来接入、存储用户签约的业务信息。单击 UDM→"用户签约配置"→"DNN 管理"选项进行 DNN 管理配置。DNN 管理配置参数说明及规划示例如表 4-21 所示。

表 4-21　DNN 管理配置参数说明及规划示例

参数名称	参数说明	规划示例
DNN ID	用户自定义，配置中所出现的 DNN ID 需保持一致	1
DNN	数据网络名称，和 APN 功能相同	按规划表，dnnt
5QI	QoS 分类标识，1 代表短信，5 代表语音，8/9 代表视频，83 代表车载	1；5；8；83

续表

参数名称	参数说明	规划示例
ARP 优先级	用户自定义，默认为 1	1
Session–AMBR–UL/（kbit/s）	自定义上行速率即可	99 999 999
Session–AMBR–DL/（kbit/s）	自定义下行速率即可	99 999 999

单击 UDM→"用户签约配置"→"Profile 管理"选项进行 Profile 管理配置。Profile 管理配置参数说明及规划示例如表 4–22 所示。

表 4–22　Profile 管理配置参数说明及规划示例

参数名称	参数说明	规划示例
Profile ID	用户自定义，所有 Profile ID 需保持一致	1
对应 DNN ID	用户自定义，所有 DNN ID 需保持一致	1
5GC 频率选择优先级	用户自定义优先级，数值越小，优先级越高	1
UE–AMBR–UL/（kbit/s）	自定义上行速率即可	99 999 999
UE–AMBR–DL/（kbit/s）	自定义下行速率即可	99 999 999

单击 UDM→"用户签约配置"→"签约用户管理"选项进行签约用户管理配置。签约用户管理配置参数说明及规划示例如表 4–23 所示。

表 4–23　签约用户管理配置参数说明及规划示例

参数名称	参数说明	规划示例
SUPI	用户永久标识符，由 MCC+MNC+MSIN 组成 15~16 位数字	460001234567890
GPSI	由 11 位数字组成，表示手机号码	13412345678
Profile ID	用户自定义，所有 Profile ID 需保持一致	1
鉴权管理域	用户鉴权的一个管理区域	FFFF
KI	终端要注册网络时的鉴权	32 个 1
鉴权算法	终端鉴权时所采用的算法	Milenage

单击 UDM→"用户签约配置"→"切片签约信息"选项进行切片签约信息配置。切片签约信息配置参数说明及规划示例如表 4–24 所示。

表 4–24　切片签约信息配置参数说明及规划示例

参数名称	参数说明	规划示例
PLMN ID	对应 PLMN 的 ID 号	1
SNSSAI ID	此处自定义，遇到 SNSSAI 标识需全网保持一致。配置时应注意选择切片标识后，遇到相同的描述需保持一致	1

参数名称	参数说明	规划示例
默认 SNSSAI	此处自定义,与前述 SNSSAI 一致	1
SUPI	由 MCC+MNC+MSIN 组成,与签约用户管理配置中的 SUPI 保持一致	460001234567890

5. UPF 开通配置

步骤 1:虚拟接口配置、http 配置、虚拟路由配置。

配置原则可参考前述 "AMF 开通配置" 部分。

需要注意 UPF 作为 5GC 中的用户面 NF,并不需要去 NRF 注册,因此 UPF 不需要进行 NRF 地址配置,虚拟路由配置中也不需要去往 NRF。

根据图 4-2,UPF 与 SMF 之间有 N4 接口,与基站 CUUP 之间有 N3 接口,因此需要配置两个 XGEI 接口、两个 loopback 接口,同时配置两条路由,分别去往 SMF 和基站。注意去往基站的路由可配置为默认路由,即目的地址和掩码均为全 0。

步骤 2:对接配置。

单击 UPF1→"对接配置" 选项进行对接配置。对接配置参数说明及规划示例如表 4-25 所示。

表 4-25　对接配置参数说明及规划示例

参数名称	参数说明	规划示例
SMF N4 业务地址	根据描述填写对应 SMF N4 本端地址	SMF N4 接口地址
UPF N4 端口	N4 端口代表 SMF N4 和 UPF N4 之间的对应关系,两端必须对应,和 http 端口可以一致也可以不一致	1
UPF N4 业务地址	根据描述填写对应 UPF N4 本端地址	UPF N4 接口地址
DN 地址	数据网地址,自规划一个不冲突的地址即可	自规划
DN 属性	数据网属性	自动驾驶
N3 接口地址	UPF 和 CUUP 对接的接口地址	UPF N3 接口地址

步骤 3:地址池配置。

单击 UPF1→"地址池配置" 选项进行地址池配置。地址池配置参数说明及规划示例如表 4-26 所示。

表 4-26　地址池配置参数说明及规划示例(UPF)

参数名称	参数说明	规划示例
DNN 名称	数据网络名称,和 APN 功能相同	按规划表
地址池名称	自定义名称	1
地址池优先级	用户自定义,默认为 1	1
地址池起始地址	用户可以获取的 IP 地址,与 SMF 地址池配置保持一致	与 SMF 一致
地址池终止地址	用户可以获取的最大地址,与 SMF 地址池配置保持一致	与 SMF 一致
掩码	地址池掩码	与 SMF 一致

步骤 4：UPF 公共配置。

单击 UPF1→"UPF 公共配置" 选项进行 UPF 公共配置。UPF 公共配置参数说明及规划示例如表 4-27 所示。

表 4-27　UPF 公共配置参数说明及规划示例

参数名称	参数说明	规划示例
用户面 ID	UPF ID	1
MCC、MNC	无线侧及核心侧 MCC、MNC 保持一致	按规划表
TAC	所有切片类型与无线侧需保持一致	按规划表

步骤 5：UPF 切片功能配置。

单击 UPF1→"UPF 切片功能配置" 选项进行 UPF 切片功能配置。其中，SNSSAI 标识、SST、SD 与前述配置保持一致，其余参数说明及规划示例如表 4-28 所示。

表 4-28　UPF 切片功能配置参数说明及规划示例

参数名称	参数说明	规划示例
分片最大上行速率 /（6 bit/s）	上行最大速率，用户自定义即可	1 000
分片最大下行速率 /（6 bit/s）	下行最大速率，用户自定义即可	1 000

6. PCF 开通配置

步骤 1：虚拟接口配置、http 配置、NRF 地址配置、虚拟路由配置。

配置原则可参考前述 "AMF 开通配置" 部分。

步骤 2：SUPI 号段配置。

单击 PCF→"SUPI 号段配置" 选项进行 SUPI 号段配置。SUPI 号段配置参数说明及规划示例如表 4-29 所示。

表 4-29　SUPI 号段配置参数说明及规划示例

参数名称	参数说明	规划示例
ID	用户自定义，所有 SUPI ID 保持一致即可	1
号段类型	用户自定义，软件参数不做要求	1
起始号段	SUPI 的起始号段，将 SUPI 包含在内即可	与 UDM 一致
结束号段	SUPI 的结束号段，将 SUPI 包含在内即可	与 UDM 一致

步骤 3：策略配置。

单击 PCF→"策略配置" 选项进行策略配置。策略配置参数说明及规划示例如表 4-30 所示。

表 4-30　策略配置参数说明及规划示例

参数名称	参数说明	规划示例
策略 ID	自定义即可，默认为 1	1

续表

参数名称	参数说明	规划示例
对应 SUPI 号段 ID	对应 SUPI 号段配置 ID	1
策略条件	策略所采用的条件,有三种选择	基于 TAC
条件值	用户自定义	1
动作	策略配置时触发的两种限制动作	速率限制

7. NSSF 开通配置

步骤 1:虚拟接口配置、http 配置、NRF 地址配置、虚拟路由配置。

配置原则可参考前述“AMF 开通配置”部分。

步骤 2:SNSSAI 配置。

单击 NSSF→“切片业务配置”→“SNSSAI 配置”选项进行 SNSSAI 配置。SNSSAI
配置参数说明及规划示例如表 4-31 所示。

表 4-31　SNSSAI 配置参数说明及规划示例

参数名称	参数说明	规划示例
SNSSAI ID	SNSSAI 标识需全网保持一致。配置时应注意选择切片标识后,遇到相同的描述需保持一致	1
AMF ID	此处与 AMF 功能配置中的编号保持一致	与 AMF 一致
AMF IP	所有切片类型通用 AMF IP 地址	AMF 服务端地址
TAC	跟踪区码,所有切片类型与无线侧需保持一致	按规划表

8. AUSF 开通配置

步骤 1:虚拟接口配置、http 配置、NRF 地址配置、虚拟路由配置。

配置原则可参考前述“AMF 开通配置”部分。

步骤 2:AUSF 功能配置。

单击 AUSF→“AUSF 公共配置”→“AUSF 功能配置”选项进行 AUSF 功能配置。
AUSF 功能配置参数说明及规划示例如表 4-32 所示。

表 4-32　AUSF 功能配置参数说明及规划示例

参数名称	参数说明	规划示例
路由指示码	路由的指示标识码,需要与终端信息配置保持一致	1
SUPI 起始号段	起始 SUPI,需将所配置的 SUPI 包含在内	与 UDM 一致
SUPI 终止号段	终止 SUPI,需将所配置的 SUPI 包含在内	与 UDM 一致

步骤 3:发现策略配置。

发现策略配置参数说明及规划示例如表 4-33 所示。

表 4-33   发现策略配置参数说明及规划示例

参数名称	参数说明	规划示例
携带 SUPI	是否携带 SUPI	是
携带路由指示码	是否携带路由指示码	是

9. SWITCH 开通配置

步骤 1：物理接口配置。

5GC 中所有 NF 在物理设备上体现为一台服务器，连接到交换机（SWITCH）上，因此物理接口配置需要与实际连接一致。

这里因为 SWITCH 的 10GE-1/1 端口连接到了核心网服务器上，因此该端口状态为 UP。注意因为多个 NF 对应多个 VLAN，因此这里 VLAN 模式要选择 trunk 模式，并且关联的 VLAN ID 可以写成一个范围，将规划表中所有 VLAN 包含进去，例如填写为"1~1000"。

步骤 2：逻辑接口配置→VLAN 三层接口。

由于 5GC 所有 NF 的网关都在 SWITCH 上，因此这里要将所有 VLAN 对应的网关都配置上。注意 5GC 中 NF 有多少个 VLAN，就需要配置多少条接口。在本书规划中，要配置 18 条接口，对应的配置原则与 Option 3x 相同。

步骤 3：静态路由配置。

由于核心网配置的路由中，AMF 和 UPF 去往基站的路由都设置为默认路由，因此此处需要配置 AMF N2 接口地址和 UPF N3 接口地址的静态路由。例如，添加 AMF N2 的静态路由，目的地址为 30.1.1.1，子网掩码为 255.255.255.255，下一跳为 30.1.1.2，优先级为 1。

步骤 4：OSPF 路由配置。

单击"OSPF 路由配置"→"OSPF 全局配置"选项，全局 OSPF 状态选择"启用"；进程号填"1"；router-id 此处仅为一个标识，可以填"11.1.1.1"；重分发选择"静态"即可。

步骤 5：OSPF 接口配置。

单击"OSPF 接口配置"选项，将 OSPF 状态选择为"启用"即可。

任务拓展

思考一下，能否尝试用自己规划的数据配置开通 Option 2 核心网？

任务测验

答案

任务 4.2 测验答案

一、单选题

1. 5G 网络功能 UDM 对应于 4G 中的网元（　　　）。

    A. MME   B. SGW

    C. PGW   D. HSS

　2. 5G 网络功能 UPF 对应于 4G 中的网元（　　　）。

    A. SGW-U+PGW-U   B. SGSN+GGSN

    C. MME+SGW   D. PCRF+PGW

二、简答题

　1. SNSSAI 标识的定义是什么？

　2. SST 的定义是什么？

　3. SD 的定义是什么？

任务 4.3　配置 Option 2 站点及承载网数据

任务描述

　　本任务在前期 Option 2 核心网数据配置完成的情况下，先进行 Option 2 无线侧的数据配置，包括 ITBBU 数据配置、站点机房 SPN 配置、AAU 射频配置等，再对承载侧进行数据配置。

　　通过本任务，可以了解 Option 2 站点及承载网数据配置的基本内容和基本流程，加深对 Option 2 站点及承载网数据配置的理解。

任务准备

　　为了完成本任务，需要做以下知识准备：了解 Option 3x 与 Option 2 无线侧数据配置的区别。

微课
Option 2 站点数据
配置

　　5G 网络无线业务开通调试是 5G 全网建设的关键节点，根据组网类型的差异可分为两种，分别是 NSA 组网架构下的 Option 3x 和 SA 组网架构下的 Option 2。结合前面相关知识点可以得知 Option 3x 和 Option 2 的无线侧数据配置区别如下：

　　（1）Option 3x 无线侧双连接架构是在原有的 4G 覆盖基础上增加 5G NR 新覆盖，5G 无线网通过 4G LTE 网络融合到 4G 核心网，融合的锚点在 4G 无线网，控制面依然继承原有的 4G。站点机房主要包含 4G BBU、5G ITBBU、4G AAU、5G AAU、GPS、SPN 设备，BBU 与 ITBBU 双连接的形式为用户提供高数据速率服务。

　　（2）Option 2 无线侧只配置独立的 5G 基站，站点机房主要包含 5G ITBBU、5G AAU、GPS、SPN 设备，没有 4G 基站设备，操作配置相对于 Option 3x 更加简单和易于上手，配置原则基本与 Option 3x 的 ITBBU 相似。

任务实施

　　本任务需要进行站点机房 ITBBU、SPN、AAU 等数据配置，以及承载网机房 SPN、

OTN 等数据配置，以建安市 B 站点机房为例，完成 Option 2 站点及承载网数据配置。在任务 4.1 中，已经事先进行了 Option 2 无线侧设备和承载侧设备统计，以及 IP 地址、全局参数、5G NR 小区参数等的规划，详见任务 4.1→"任务实施"→"3.无线网工程参数规划"和"2.承载网工程参数规划"部分。本任务中需要根据数据规划进行数据配置。

1. 无线侧数据配置

打开 5G 全网软件，依次选择"网络配置"→"数据配置"→"无线网"→"建安市 B 站点机房"。各步骤的配置原则可参照任务 3.3→"任务实施"→"2.ITBBU 数据配置"部分的详细讲解。

步骤 1：AAU 配置。

配置 AAU1~AAU3。AAU 射频配置中的支持频段范围根据数据规划填写，与 DU 小区配置中的频点相匹配，AAU 收发模式可选择"64T64R"。

步骤 2：NR 网元管理配置。

这里需要注意网元类型要和 CUDU 设备配置相匹配，类型为"CUDU 合设"，网络模式注意选择 SA 模式，NSA 共框标识不起效可填"1"，其余参照根据数据规划进行配置。

步骤 3：5G 物理参数配置。

此处承载网链路端口要根据建安市 B 站点机房 ITBBU 与 SPN 的实际连接进行配置。

步骤 4：以太网接口配置。

配置参数可参考 Option 3x。

步骤 5：IP 配置。

根据数据规划填写 DU 的 IP 地址。

步骤 6：SCTP 配置。

根据无线侧的架构图，在这里需要添加一条 DU 与 CUCP 的 SCTP 流通道，端口需按照图 4-4 中规划的端口进行配置。

步骤 7：静态路由配置。

在 CUDU 合设的状态下，不需要添加静态路由。（在 CUDU 分离的状态下，需要添加两条通往 CUCP 和 CUUP 的路由。）

步骤 8：DU 管理配置。

根据数据规划填写配置参数，两个开关可选择"打开"。

步骤 9：QoS 业务配置。

添加 4 条 QoS 配置，对应 QoS 分类标识分别为 1、5、8 或 9、83，同时进入核心网 UDM 检查是否同样配置了 4 个 QoS 标识，各个标识对应的业务承载类型和协议规定的类型保持一致即可。QoS 业务配置参数说明可参考表 3-40。

步骤 10：网络切片配置。

单击 ITBBU→DU→"DU 功能配置"→"网络切片配置"选项进行配置。网络切片配置参数说明及规划示例如表 4-34 所示。

表 4-34　网络切片配置参数说明及规划示例

参数名称	参数说明	规划示例
PLMN	公共陆地移动网,PLMN=MCC+MNC	按规划表
SNSSAI 标识、SST、SD	网络切片的标识三参数	与前述一致
分片 IP 地址	标识该网络切片的 IP 地址,该分片 IP 地址需与 DU 的硬件地址保持在同一个网段	与 DU 在同一网段的任意地址
切片级上/下行保障速率	该切片在该网络环境下的上/下行最低速率	填最大值
切片级上/下行最大速率	该切片在该网络环境下的上/下行最大速率	填最大值
切片级流控制窗长	可保障该切片的速率指标	10
基于切片的用户数的接纳控制门限	控制该切片的用户接入数	1

步骤 11:扇区载波配置。

添加 3 个扇区所对应的扇区载波,注意载波实际发射功率与小区 RE 参考功率有关,由于建安市规划的小区 RE 参考功率(0.1 dBm)为 180,因此这里的载波实际发射功率(0.1 dBm)要规划为 560 才行,载波最大可配置功率(W)可规划为 500。

步骤 12:DU 小区配置。

添加 3 个扇区所对应的 DU 小区,根据数据规划进行配置,其余参数可参照 Option 3x 中相应步骤的配置原则进行配置。

步骤 13:接纳控制配置。

添加 3 个扇区所对应的接纳控制,可参照 Option 3x 中相应步骤的配置原则进行配置。

步骤 14:BWPUL 参数配置。

添加 3 个 BWPUL,与 3 个 DU 小区分别对应,配置可参考 Option 3x 中的相应步骤。

步骤 15:BWPDL 参数配置。

添加 3 个 BWPDL,与 3 个 DU 小区分别对应,配置可参考 Option 3x 中的相应步骤。

步骤 16:PRACH 信道配置。

添加 3 个扇区所对应的 PRACH 信道,根据数据规划进行配置。需要注意起始逻辑根序列索引在系统中不可以重复,因此要与兴城市的 3 个起始逻辑根序列索引有所区别,如此处配置为 4、5、6,其余配置可参考 Option 3x 中的相应步骤。

步骤 17:SRS 公用参数配置。

添加 3 个扇区所对应的 SRS 公用参数,注意 SRS 的 slot 序号指示 SRS 在时隙上的位置,具体说明可参考表 3-47。

步骤 18:小区业务参数配置。

添加 3 个扇区所对应的小区业务参数,这里需要注意帧结构第一个周期的时间、帧结构第一个周期的帧类型和 DU 小区中系统带宽的对应关系,此处仍然规划为 2.5 ms 单周期,帧结构第一个周期的帧类型为 11120。

步骤 19:CU 管理配置。

CU 管理中基站标识和 NR 网元管理中规划的基站标识保持一致,CU 标识用来标

演示视频
Option 2 无线侧数据配置演示(3)

识 CU，可自定义，其余参数和 DU 管理配置中的参数保持一致。

步骤 20：CUCP 的 IP 配置。

根据数据规划配置 CUCP 的 IP 地址。

步骤 21：CUCP 的 SCTP 配置。

在 CUCP 中建立 3 条双向的流通道，分别通往 AMF、DU、CUCP，IP 及端口需要根据数据规划进行配置。需要注意 CUCP 与 AMF 的偶联类型为 NG 偶联，流通道两端的端口需保持一致，并确保偶联类型匹配。

步骤 22：CUCP 的静态路由配置。

在 CUCP 中添加 1 条通往 AMF 的路由，目的地址为 AMF 的 N2 接口地址，下一跳 IP 地址为 CUCP 的网关地址。

步骤 23：CU 小区配置。

添加 3 个扇区所对应的 CU 小区，这里需要注意 CU 对应 DU 小区的 ID，一般情况下第一个 CU 对应第一个 DU 小区，其余 CU 小区以此类推进行和 DU 小区的匹配。

步骤 24：CUUP 的 IP 配置。

根据数据规划配置 CUUP 的 IP 地址。

步骤 25：CUUP 的 SCTP 配置。

在 CUUP 中建立 1 条双向的流通道，通往 CUCP，端口和偶联类型相互呼应。

步骤 26：CUUP 的静态路由配置。

在 CUUP 中添加 1 条通往 UPF 的路由，目的地址为 UPF 的 N3 接口地址，下一跳 IP 地址为 CUUP 的网关地址。

步骤 27：CUUP 的网络切片配置。

配置时注意 SNSSAI 标识、SST 和 SD 要与核心网一致，分片 IP 地址与 CUUP 在同一网段即可。

步骤 28：SPN1 的子接口配置。

单击"逻辑接口配置"→"配置子接口"选项，添加 3 条站点机房的网关地址。因为 SPN 只有一个接口连接到 ITBBU，因此这一个接口上要配置 3 个子接口，对应 CUCP、CUUP 及 DU 的网关，配置原则参照 Option 3x 中的相应步骤。

2. 承载侧数据配置

承载网机房与站点机房/核心网机房直连，两个承载网机房之间由于距离较远，因此采用 OTN 进行数据传输，即承载网机房之间对接需要配置 OTN 的参数。

打开 5G 全网软件，依次选择"网络配置"→"数据配置"，并选择相应机房进入配置界面。

步骤 1：建安市 B 站点机房和建安市 3 区汇聚机房对接数据配置。

① 建安市 B 站点机房数据配置。

物理接口配置：单击"承载网"→"建安市 B 站点机房"→SPN1→"物理接口配置"选项，在接口 ID 为 100GE-1/2 的接口进行物理接口配置，IP 地址为 192.168.23.2，子网掩码为 30 位。

OSPF 路由配置：包括 OSPF 全局配置和 OSPF 接口配置，注意用到的所有接口都需开启 OSPF 接口，将已有的线路共享出去。

② 建安市 3 区汇聚机房数据配置。

物理接口配置:单击"承载网"→"建安市 3 区汇聚机房"→SPN1→"物理接口配置"选项,找到和设备配置相匹配的接口,在接口 ID 为 100GE-11/1 的接口进行物理接口配置,IP 地址为 192.168.23.1,子网掩码为 30 位。

OSPF 路由配置:开启所有的 OSPF 接口,将已有的线路共享出去。

步骤 2:建安市 3 区汇聚机房和建安市骨干汇聚机房对接数据配置。

① 建安市 3 区汇聚机房数据配置。

OTN(大型)配置:单击"承载网"→"建安市 3 区汇聚机房"→OTN→"频率配置"选项,注意合波频率的配置需要和设备保持一致,即配置单板为 OTU100G,槽位为 14,接口为 L1T,频率为 CH1- -192.1THz。

物理接口配置:单击"承载网"→"建安市 3 区汇聚机房"→SPN1→"物理接口配置"选项,在接口 ID 为 100GE-10/1 的接口进行物理接口配置,IP 地址为 192.168.22.2,子网掩码为 30 位。

OSPF 路由配置:同步骤 1。

② 建安市骨干汇聚机房数据配置。

OTN(大型)配置:单击"承载网"→"建安市骨干汇聚机房"→OTN→"频率配置"选项,注意合波频率的配置需要和设备保持一致,即配置单板为 OTU100G,槽位为 14,接口为 L1T,频率为 CH1- -192.1THz。

物理接口配置:单击"承载网"→"建安市骨干汇聚机房"→SPN1→"物理接口配置"选项,找到和设备配置相匹配的接口,配置规划好的 IP 地址和掩码,这里规划的 IP 地址为 192.168.22.1,掩码为 30 位,SPN 端口为 100GE-11/1。

OSPF 路由配置:同步骤 1。

步骤 3:建安市骨干汇聚机房和建安市承载中心机房对接数据配置。

① 建安市骨干汇聚机房数据配置。

OTN(大型)配置:单击"承载网"→"建安市骨干汇聚机房"→OTN→"频率配置"选项,注意合波频率的配置需要和设备保持一致,即配置单板为 OTU100G,槽位为 24,接口为 L1T,频率为 CH1- -192.1THz。

物理接口配置:单击"承载网"→"建安市骨干汇聚机房"→SPN1→"物理接口配置"选项,找到和设备配置相匹配的接口,配置规划好的 IP 地址和掩码,这里规划的 IP 地址为 192.168.21.2,掩码为 30 位,SPN 端口为 100GE-10/1。

OSPF 路由配置:同步骤 1。

② 建安市承载中心机房数据配置。

OTN(大型)配置:单击"承载网"→"建安市承载中心机房"→OTN→"频率配置"选项,注意合波频率的配置需要和设备保持一致,即配置单板为 OTU100G,槽位为 14,接口为 L1T,频率为 CH1- -192.1THz。

物理接口配置:单击"承载网"→"建安市承载中心机房"→SPN1→"物理接口配置"选项,找到和设备配置相匹配的接口,配置规划好的 IP 地址和掩码,这里规划的 IP 地址为 192.168.21.1,掩码为 30 位,SPN 端口为 100GE-11/1。

OSPF 路由配置:同步骤 1。

步骤 4:建安市承载中心机房和建安市核心网机房对接数据配置。

① 建安市承载中心机房数据配置。

物理接口配置:单击"承载网"→"建安市承载中心机房"→SPN1→"物理接口配置"选项,找到和设备配置相匹配的接口,配置规划好的 IP 地址和掩码,这里规划的 IP 地址为 192.168.20.2,掩码为 30 位,SPN 端口为 100GE-10/1。

OSPF 路由配置:同步骤 1。

② 建安市核心网机房数据配置。

物理接口配置:单击"核心网"→"建安市核心网机房"→SWITCH1→"物理接口配置"选项,这里需要给交换机和 ODF 对接的接口定义一个与对接地址相匹配的 VLAN ID,即 100GE-1/18 接口关联 VLAN 为 200。

VLAN 三层接口配置:单击"核心网"→"建安市核心网机房"→SWITCH1→"逻辑接口配置"→"VLAN 三层接口"选项,这里需要给 SWITCH 100GE-1/18 VLAN 关联一个接口 ID 为 200 的地址去和承载中心机房对接,接口 ID 为 200,IP 地址为 192.168.20.1,子网掩码为 30 位。

OSPF 路由配置:同步骤 1。

任务拓展

思考一下,基于现有的 CUDU 合设模式的配置是否能完成 Option 2 无线侧（ITBBU）CUDU 分离的配置?

任务测验

答案
任务 4.3 测验答案

单选题

1. 物理信道配置中,SRS 公用参数下的 SRS 的 slot 序号追踪的时隙类型是（　　）。

    A. U　　　　　　　B. S　　　　　　　C. D　　　　　　　D. 以上都不是

2. Option 2 中 QoS 标识类型属于（　　）。

    A. 5QI、QCI　　　　　　　　　　　　B. QCI

    C. 5QI　　　　　　　　　　　　　　　D. 以上都不是

3. Option 2 中 UDM 的功能类似于 Option 3x 中的网元（　　）。

    A. MME　　　　　　　　　　　　　　B. HSS

    C. PGW　　　　　　　　　　　　　　D. SGW

4. Option 2 中 CUCP 需要配置增强双链接吗?（　　）

    A. 需要　　　　　　　　　　　　　　B. 不需要

    C. 可以配置也可以不配置　　　　　　D. 以上都不是

5. DU 小区配置中系统带宽为 270 个 RB 时,以下小区参数会受影响而变化的是（　　）。

    A. 帧结构第一/二个周期的时间　　　　B. 帧结构第一/二个周期的帧类型

    C. GP 符号数　　　　　　　　　　　　D. 上行符号数

项目总结

本项目介绍了 5GC 各 NF 的功能与核心网、站点及承载网数据的配置步骤。通过本项目,可掌握 Option 2 核心网、站点及承载网数据配置的全流程。

本项目学习的重点主要是:5GC 各 NF 的功能;Option 2 各类重要参数的含义;Option 2 工程参数规划;Option 2 小区频点的计算;Option 2 承载网机房间的对接。

本项目学习的难点主要是:Option 2 工程参数规划;Option 2 绝对频点的取值;Option 2 承载网机房与站点机房的数据配置。

赛事模拟

【选自 2022 年全国职业院校技能大赛"5G 全网建设技术"赛项国赛赛题】

近两年,5G 作为数字经济的基础设施引起了政府和企业的高度重视。政府层面,在多次会议及战略文件中对推动 5G 发展做出了部署;企业层面,深度挖掘 5G 技术红利,推进创新方案的落地,成为企业抢占市场先机、推动业务增长的重点。

兴城市、建安市、四水市为保障市民尽早体验到优质快速的 5G 网络,率先建成 5G 网络领先城市,积极响应市委、市政府号召,主动与电信企业沟通对接,多举措开展 5G 建设各项工作,目前正处于 5G 试点建设关键阶段。同时,兴城市与某车联企业达成战略合作,计划共同探索 5G 车联网应用的新场景、新业态和新模式。一期项目计划落地国内首个车路云一体化的自动驾驶,系统性的解决方案将带动全局协同,让自动驾驶获得系统级安全保障。

(1)三个城市中已有设备、连线、参数均不可修改(赛事已设置自动监控,对原有配置数据改动一处扣 1 分,直到该项总分扣完为止)。三个城市采用 NSA 或 SA 组网模式,涵盖 Opiton 3x、Option 2 两种选项,其中四水市未部署核心网机房,无线网采用 CU、DU 合设或分离部署模式。承载网设计需符合运营商网络架构设计要求,在网络层次上分为接入层、区域汇聚层、骨干汇聚层和核心层,实现业务逐级收敛。承载网各层级设备间必须采用环形组网实现业务的冗余保护。

(2)在工程模式下,实现兴城市、建安市、四水市三个城市共 12 个小区端到端的终端会话或注册联网业务正常拨测。

【解析】

此题属于数据完善题,重点考查学生对数据之间关系的理解情况,看其能否在部分已知数据的基础上,补全其余未配置数据,完成 5G SA 网络开通调试。要求学生掌握网络开通调试的基本步骤,并能根据已有参数完成开通配置。

项目 **5**

维护 5G 网络

☑ 项目引入

　　维护 5G 网络是 5G 网络建设的重要环节,通过对故障现象进行分析,并按照排查流程一步步进行判别,需要准确、快速地定位出故障点并处理恢复,为业务应用和性能提升提供重要保障。与 4G 相比,5G 网络配置中的数据量与参数联动性有了极大的变革,且 5G 制式下不同组网架构的网络开通流程也存在较大差异。

　　本项目将通过两个任务,对 Option 3x 与 Option 2 的网络故障进行排查。通过此项目,可以了解出现网络故障的原因,掌握准确分析故障的方法。

☑ 知识图谱

　　本项目知识图谱如图 5-1 所示。

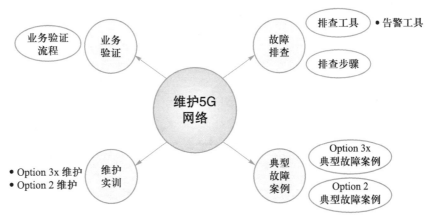

图 5-1　项目 5 知识图谱

☑ 项目目标

➤ 知识目标
- 掌握 Option 3x 常见的网络故障。
- 掌握 Option 2 常见的网络故障。
- 掌握网络故障的排除方法。

➤ 能力目标
- 具备作为网络维护人员进行网络故障排除的能力。
- 具备作为网络维护人员进行网络故障分析与优化的能力。

➤ 素养目标
- 具有严谨、规范的职业素质。
- 具有分析和排除故障的能力,以及精益求精的网络优化能力。
- 具有学习迁移的能力。

➤ "5G 移动网络运维" 职业技能等级证书考点
- (初级)达到网络维护模块中基站告警巡查与协调处理要求。
- (中级)达到网络维护模块中基站告警分析与处理要求。
- (高级)达到网络维护模块中异常业务分析与处理要求。
- (高级)达到网络维护模块中全网风险预估及预案制定要求。

任务 5.1　排查 Option 3x 网络故障

任务描述

本任务在掌握 Option 3x 配置关系及内容理解的情况下,进行网络状态分析及告警分析,并对设备配置或数据配置进行调整,使网络能够正常完成小区的基本业务。

通过本任务,可以了解 Option 3x 常见网络故障问题以及排查方法,掌握故障分析流程,并自主处理各种网络故障问题。

任务准备

为了完成本任务,需要做以下知识准备:
(1)了解调试工具。
(2)了解故障排查方法。
(3)掌握 Option 3x 常见故障。
(4)掌握 Option 3x 故障排查案例分析方法。

1. 调试工具介绍

1)业务验证功能

业务验证是指在进行网络维护的过程中,通过终端拨测的方式检查设备和数据在配置过程中是否存在问题,并结合告警功能完成问题的定位分析。此处,以 5G 全网软件为例,在软件中单击"网络调试"→"业务调试",进入网络调试界面,如图 5-2 所示。

网络调试界面分为左、中、右三部分,左侧为一系列调测工具,中部为仿真调测部

📱 微课
Option 3x 业务验证

(a)

(b)

图 5-2　网络调试界面

分,右侧为测试小区以及终端的信息。调测前首先要选择调测模式,当只配置了核心网和无线网(或只配置了承载网)时,选择"实验"模式,此时默认承载网(或核心网和无线网)已通。只有当核心网、无线网和承载网均进行了配置后,才可以选择"工程"模式。

接着单击"业务验证"按钮,即可进入业务验证界面。在 Option 3x 的网络架构中,单击界面右下角的"业务拨测"按钮 ,即可进行验证,如图 5-2(a)所示。在 Option 2 的网络架构中,右下角有两个按钮,右侧是"注册"按钮 ,左侧是"会话"按钮 ,如图 5-2(b)所示。验证通过时,界面右侧的验证图标会由灰色变成彩色,并有信号发射和信息发送的动画。

2)告警功能

告警可理解为某种类型的网络故障或隐患,根据配置自动生成。在软件中查看告警信息时只查看最后一条或倒数第二条显示级别为严重的故障,根据位置信息和描述可准确定位故障所在的机房以及该故障是由哪些参数引起的。

单击图 5-2 所示界面左侧的"告警"按钮,可进入告警界面。

3)状态查询功能

状态查询是指查看网络设备之间的路由信息,如路由表、网络设备的物理接口、OSPF 邻居表等。

单击图 5-2 所示界面左侧的"状态查询"按钮,可进入状态查询界面。

4)信令跟踪功能

信令跟踪是指查看网元之间的对接信令协议,也可通过显示的信令定位故障点。

单击图 5-2 所示界面左侧的"信令跟踪"按钮,可进入信令跟踪界面。

2. 故障排查方法

微课
Option 3x 故障排查
分析

1)故障定位分析

首先掌握故障的各种现象,通过分析确定可能产生这些现象的故障根源;然后将观察得到的故障信息进行采集,故障信息包括告警界面中体现的位置信息和描述。

2)整理收集的故障信息

利用收集到的信息,根据所学的参数配置原则和掌握的理论知识,确定排错范围。通过划分范围,确定需要关注的故障或与故障情况相关的那一部分网元设备、网元参数配置、接口地址配置。如果故障比较复杂,可以整理一张表格,列出各种可能原因,并针对每种可能原因制定出详细的排查步骤。

3)实施注意事项

每次只能进行一项修改。如果修改成功,那么应该对修改结果进行分析并记录。如果修改没有成功,应该立即恢复这项修改。当一个故障排查方案没有解决故障时,进入循环故障排查阶段。在进行下一个循环之前,必须将网络恢复到实施上一个方案前的状态。

图 5-3 所示为故障排查流程。

图 5-3 故障排查流程

3. Option 3x 常见故障

Option 3x 常见故障如表 5-1 所示。在进行排查之前,需要确保所有设备连线及接口 IP 地址都正确,然后再根据告警提示对应的排查位置进行排查。

表 5-1　Option 3x 常见故障

告警提示	排查位置
S1-C 链路故障	检查 MME 与基站的链路配置,包括双方连线、接口、IP、对接、路由
核心网信令链路故障	检查 S6、S11、S5/S8 三个接口的链路配置,包括连线、接口、IP、路由
找不到相关的 SGW(PGW)	检查 EPC(APN) 地址解析,包括地址、协议、名称
找不到用户归属 HSS	检查终端 IMSI 与 HSS 配置是否一致,检查 MME 中的号码分析配置
用户鉴权失败	检查 HSS 和终端配置中的 IMSI、KI、鉴权方式是否一致
分配地址失败	检查 PGW 中地址池分配是否配置正确
数据传输中断	检查 ENB 至 SGW/PGW 的链路配置,包括双方连线、接口、IP、对接、路由
网络模式错误	检查 BBU 与 ITBBU 网元管理处的时钟同步模式、NSA 共框标识、网络模式配置
5G 网络不可用	检查 4G BBU 中的 NR 邻接小区配置与 5G 小区参数是否一致,BBU 邻接关系配置是否正确
DU 小区不可用	检查 ITBBU 中 DU 小区、BMPUL/DL 参数、测量与定时器开关、PRACH 信道等配置
搜索不到小区	检查 4G 小区 BBU 配置,包括承载链路连线和配置、MNC 配置、终端配置
SCG 分流通道缺少	检查 SGW 与 CUUP 的对接配置,如双方 IP、路由

4. Option 3x 故障排查案例分析

此处以兴城市"核心网信令链路故障"告警为例进行案例分析。

1)检查配置

进入兴城市核心网机房后,在右上角显示的设备指示图中,依次单击 MME、SGW、PGW、HSS 各网元,查看各网元的接口速率、槽位。

微课
Option 3x 典型故障排查案例分析

如图 5-4 所示,本端接口显示"_MME_7_3X10GE_1",表示设备名称为 MME;槽位为 7;3X10GE 代表 3 个 10GE 的接口,速率为 10GE;端口为 1。接着查看 SW 的速

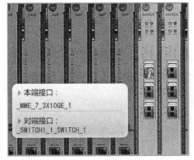
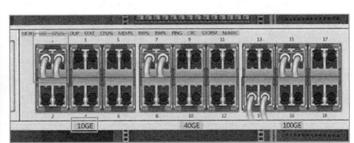

图 5-4　检查 MME 和 SW 的接口速率

率,显示接口为 10GE 的接口,代表 MME 和 SW 接口速率无问题。用同样的方法检查 SGW、PGW、HSS 与 SW 的接口速率。

2)定位故障并修改

如图 5-5 所示,根据前面的方法检查 SGW 和 SW 的接口速率时,看到 SGW 的本端接口显示"_SGW_7_1X100GE_1",表示设备名称为 SGW;槽位为 7;1X100GE 代表 1 个 100GE 的接口,速率为 100GE;端口为 1。接着可以看到 SW 显示接口为 40GE 的接口,代表 SGW 和 SW 接口速率连接出现问题,正确状态下两端应都是 100GE,因此此处需要将 SW 的接口连线拔掉,重新选择 100GE 的接口相连。

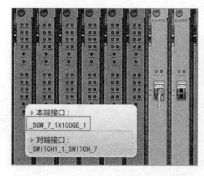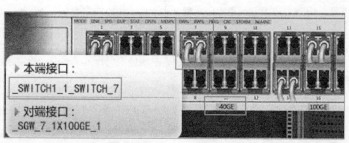

图 5-5　检查 SGW 和 SW 的接口速率

3)业务验证

修改完成后,需进行业务验证,单击"业务拨测"按钮,显示彩色的验证图标,代表故障已解决,无须查看其他参数配置,也因此说明"核心网信令链路故障"告警是由于 SGW 和 SW 的连线错误引起的。

任务实施

演示视频

Option 3x 业务验证
演示

登录 5G 全网软件的客户端,单击"网络调试"→"业务调试",将"移动终端"拖入需要验证的小区,接着在界面右侧切换至"终端信息"选项卡,将终端信息填入,再回到"小区信息"选项卡,观察此时的小区信息是否与配置一致。

单击"业务拨测"按钮,若验证图标显示为灰色,代表网络中存在设备或者数据配置错误的问题,此时需要通过告警提示来定位故障所在的位置以及故障类型。注意在告警界面中只有最后一条或倒数第二条告警的级别为严重,所以只需要关注最后一条或倒数第二条告警信息。

根据故障排查方法,对比表 5-1 进行故障排查。每做一项修改后,回到业务验证界面进行验证,直到验证图标显示彩色,如图 5-6 所示,此时说明故障已排查,网络调试通过。

图 5-6　Option 3x 业务验证通过

任务拓展

思考一下,能否实现 Option 3x 全部业务验证成功? 若不成功,需要从哪些配置入手进行修改?

任务测验

选择题

答案

任务 5.1 测验答案

1. 核心网信令链路故障涉及的网元有( )。
   A. MME
   B. SGW
   C. PGW
   D. HSS

2. SCG 分流通道缺少涉及的网元有( )。
   A. CUCP
   B. SGW
   C. PGW
   D. CUUP

3. 用户鉴权失败涉及的网元有( )。
   A. MME
   B. SGW
   C. PGW
   D. HSS

4. 找不到相关的 SGW 涉及的网元有( )。
   A. MME
   B. SGW
   C. PGW
   D. HSS

5. S1-C 链路故障涉及的网元有( )。
   A. MME
   B. SGW
   C. PGW
   D. BBU

任务 5.2   排查 Option 2 网络故障

任务描述

本任务在掌握 Option 2 配置关系及内容理解,以及熟练使用调试工具的情况下,掌握故障排除方法,进行网络状态分析,以及设备配置或参数配置的调整,完成小区的业务基础拨测任务。

通过本任务,可以了解 Option 2 网络架构下的常见故障,具有自主处理 Option 2 网络故障的能力。

任务准备

为了完成本任务,需要做以下知识准备:

（1）掌握 Option 2 常见故障。

微课
Option 2 业务验证

（2）掌握 Option 2 故障排查案例分析方法。

1. Option 2 常见故障

Option 2 常见故障如表 5-2 所示。在进行排查之前,需要确保所有设备连线及接口 IP 地址都正确,然后再根据告警提示对应的排查位置进行排查。

表 5-2   Option 2 常见故障

告警提示	排查位置
http 通信故障	检查所有 NF 的端口、http 配置、NRF 配置,包括 IP 地址、路由、SW 端口、网关配置
N2 链路故障	检查 AMF 与基站的链路配置,包括接口、对接、路由配置,基站与 SPN 的连线与配置
发现 SMF 失败	与 AMF 发现 SMF 的方式有关,检查切片相关的参数
发现 AUSF 失败	与 AMF 发现 AUSF 的方式有关,检查终端与 AUSF 中的路由指示码、SUPI 号段
E1、F1 链路故障	检查 SCTP 对接配置、端口、IP 地址、路由配置
无 5G 信号	检查 ITBBU 接口连线、5G 小区频段、CUCP 的 SCTP 对接、CUUP 去 BBU 的静态路由
用户签约失败	检查 UDM 与终端的 IMSI、APN 是否一致,UDM 与 DU 中的 QoS 是否对应
射频资源故障	检查频率范围是否包含小区的频率范围,使能开关是否打开,承载网链路和 SPN 连线是否相关,光口和网口的选择是否正确(用光纤选择光口,用网线选择网口)
5G 网络不可用	检查 DU 中 NR 邻接关系是否与 DU 管理相对应,另外要保证所有小区参数都正确,如 TAC 是否和核心网保持一致
DU 小区不可用、小区有告警	检查 AAU 频段是否包含小区频点,DU 小区配置、小区业务参数配置是否正确
搜索不到小区	检查所有地方的基站标识是否对应

2. Option 2 故障排查案例分析

微课
Option 2 典型故障排
查案例分析

此处以建安市 "DU 小区不可用、小区有告警" 的告警为例进行案例分析。

1）检查配置

进入建安市 B 站点机房后，依次单击 ITBBU→DU→"DU 功能配置"→"DU 小区配置"→"DU 小区 1"，查看参数配置。一个小区无法定位故障，一个站点有三个小区，单击 "DU 小区 2" 和 "DU 小区 3"，进行参数对比，如图 5-7 所示。

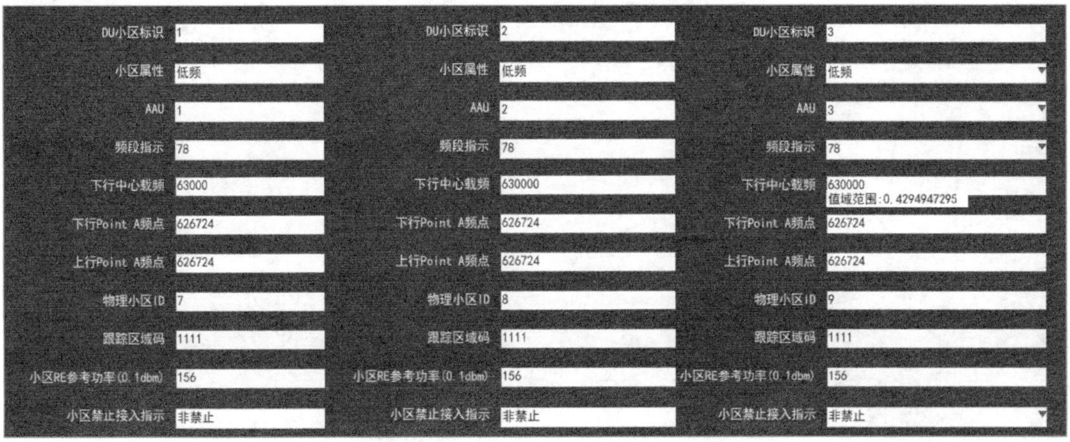

图 5-7　DU 小区 1/2/3 参数对比

仔细对比三个小区的参数后，可以发现 DU 小区 1 的参数与 DU 小区 2 和 DU 小区 3 不一致，以最小改动为原则，需修改 DU 小区 1 参数。

2）定位故障并修改

通过对比，确定需要对 DU 小区 1 的下行中心载频进行修改，将其从 63 000 修改为 630 000。

3）业务验证

修改完成后，需进行业务验证，先单击 "注册" 按钮，再单击旁边的 "会话" 按钮，显示彩色的验证图标，代表故障已解决，无须查看其他参数配置，也因此说明 "DU 小区不可用、小区有告警" 的告警是由于 DU 小区 1 的下行中心载频错误引起的。

注意 Option 2 的验证按钮有两个，首先单击右侧的 "注册" 按钮，通过之后再单击左侧的 "会话" 按钮，两次验证均通过，才说明数据配置正确，网络调试通过。

任务实施

登录 5G 全网软件的客户端，单击 "网络调试"→"业务调试"，将 "移动终端" 拖入需要验证的小区，接着在界面右侧切换至 "终端信息" 选项卡，将终端信息填入，注意这里的所有信息需和核心网 UDM 签约的参数保持一致，再回到 "小区信息" 选项卡，观察此时的小区信息是否与配置一致。

单击 "注册" 按钮和 "会话" 按钮，若验证图标显示为灰色，代表网络中存在设备或者数据配置错误的问题，此时需要通过告警提示来定位故障所在的位置以及故障类型。

根据故障排查方法，对比表 5-2 进行故障排查。每做一项修改后，回到业务验证界面进行验证，直到验证图标显示彩色，如图 5-8 所示，此时说明故障已排查，网络调试通过。

图 5-8　Option 2 业务验证通过

任务拓展

思考一下，能否实现 Option 2 全部业务验证成功？若不成功，需要从哪些配置入手进行修改？

任务测验

答案

任务 5.2 测验答案

选择题

1. E1 链路故障涉及的网元有（　　　）。
 A. MME   B. SGW   C. CUCP   D. CUUP
2. F1 链路故障涉及的网元有（　　　）。
 A. MME   B. DU   C. CUCP   D. CUUP
3. 提示"发现 AUSF 失败"，排查的位置有（　　　）。
 A. SUPI   B. 路由指示码 C. IMSI   D. BBU
4. N2 链路故障涉及的网元有（　　　）。
 A. AMF   B. SMF   C. CUCP   D. CUUP
5. 提示"5G 网络不可用"，排查的位置有（　　　）。
 A. BBU NR 邻接小区配置   B. BBU 邻接关系配置
 C. ITBBU DU 小区配置   D. DU 管理

项目总结

本项目介绍了对 5G 网络进行维护的重要意义,重点讲解了维护 5G 网络时常用的调试工具、排除故障的方法、常见故障总结。通过本项目,可掌握 5G 网络故障排查的全流程。

本项目学习的重点主要是:调试工具的使用;故障排除方法。

本项目学习的难点主要是:对故障的分析;对引发故障原因的排查。

赛事模拟

【节选自 2022 年全国职业院校技能大赛 "5G 全网建设技术" 赛项国赛赛题】

当前,5G 技术正处于大规模落地普及时期,急需找到与现实生产应用的结合点,其与农业的有效结合将成为推动我国农业生产现代化的重要路径。

日前,在四水市农业农村局的指导下,四水市运营商联合 C 村田园综合体,以人工智能科技(AI)为手段,结合大数据、云计算、5G 应用等现代科技,投用农田智慧大脑系统,全力打造四水市首个 5G+智慧农业项目。该项目的农业生产环节将利用 5G 网络实现全流程对空中无人机和稻田机器人进行远程作业高清直播。同时,综合体里的万亩稻田实现了生态农业大数据采集、特种稻田机器人自动执行工作,对天、地、空进行 24 h 全方位的实时数据采集。利用 5G 网络低时延的特点,这些采集来的生态农业大数据在经分析后可以实时传输到农田智慧大脑系统,提醒农户农作节点并提供最佳解决方案。

目前,该项目的 5G 网络站点建设已基本完成,但在入网验收阶段发现站点业务异常,存在多处告警,请根据告警信息初步定位网络问题,发现并解决故障根源,保障系统的正常运行。

网络中共存在 80 处故障点,请使用相关工具,排查无线网、核心网及承载网的所有故障点并完成以下任务。

(1)三个城市采用 NSA 或 SA 组网模式,涵盖 Opiton 3x、Option 2 两种选项,其中四水市未部署核心网机房。无线部分包含 CU、DU 分离或合设部署模式,4G/5G 无线基带设备可共 5G BBU 或独立设备部署。各城市的组网架构与部署模式请参照网络拓扑规划,不可对组网模式、CU/DU 部署模式、4G/5G 无线站点部署模式、四水市归属核心网进行更改。

(2)在工程模式下,完成无线网、承载网及核心网端到端的对接调试,实现兴城市、建安市、四水市三个城市共 12 个小区端到端的终端会话或注册联网业务正常拨测。

(3)在"故障排查选项"页面,选择列举出所有故障发生的位置并保存提交。

【解析】

此题属于排障题,重点考查学生维护 5G 网络的能力,看其能否在已有数据配置的基础上,通过调试工具,定位故障点,排除数据故障问题。此赛题在基础排除故障之上,要求以最小改动为原则,需要灵活确定改动方案并进行记录。

优化 5G 网络

☑ 项目引入

　　无线网络信号质量是网络业务和性能的基石,通过开展无线网络信号优化工作,可以使网络覆盖范围更合理、覆盖水平更高、干扰水平更低,为业务应用和性能提升提供重要保障。信号质量优化工作伴随实验网建设、预商用网络建设、工程优化、日常运维优化、专项优化等各个网络发展阶段,是网络优化工作的主要组成部分。

　　本项目将通过一个任务,对 5G 的基础网络进行优化配置。通过此项目,可以了解 5G 网络优化的基本概念和基本流程,加深对网络优化的理解。

☑ 知识图谱

　　本项目知识图谱如图 6-1 所示。

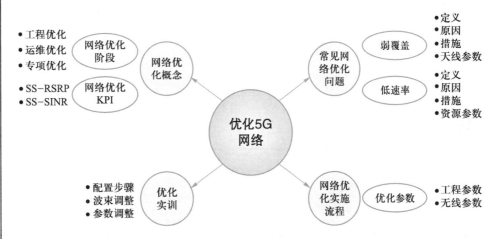

图 6-1　项目 6 知识图谱

☑ 项目目标

➢ 知识目标
- 掌握移动网络优化的基本概念。
- 掌握优化的基本参数。
- 掌握优化配置的步骤。

➢ 能力目标
- 具备作为网络维护人员进行网络优化配置的能力。
- 具备作为网络优化人员进行网络优化参数分析与优化的能力。

➢ 素养目标
- 具有创新探索精神,心理健康。
- 具有适应多样环境生存所需的本领和品质。

➢ "5G 移动网络运维"职业技能等级证书考点
- (初级)达到网络优化模块中前台基础业务测试要求。
- (初级)达到网络优化模块中后台 KPI 分析与参数配置要求。
- (中级)达到网络优化模块中无线综合性能维护与后台参数优化要求。
- (高级)达到网络优化模块中无线网络综合性能维护与优化要求。

任务　优化 5G 基础网络

任务描述

本任务在前期配置基础网络成功接入的情况下,进行网络基础优化所需的数据配置,进行网络优化基础参数的调整,完成定点测试,包括语音、下行下载和上行下载业务的拨测,并达到优化性能的目的。

通过本任务,可以了解 5G 基础网络优化的原理和方法,具有自主完成网络优化的能力。

任务准备

为了完成本任务,需要做以下知识准备:

(1) 了解网络优化的概念。

(2) 了解常见的网络优化问题。

(3) 掌握网络优化实施流程。

1. 网络优化的概念

在实际的网络维护中,造成网络问题的原因通常包括:无线传播环境复杂;网络设计能力与实际运行需求不匹配;设备未正常工作或能力限制。网络优化则是通过对网络工程参数、无线资源参数等的调整,保证网络质量能够满足业务需求。区域环境改变、站点搬迁或新建站、站点变动等因素,都会影响原有网络质量,此时要开展有针对性的网络优化工作。在商用环境中,一般通过定点测试与 DT 路测发现信号问题。

 微课
 网络优化

伴随网络建设发展的不同阶段,网络优化工作的重点内容也截然不同,主要包括工程优化、运维优化、专项优化三个阶段。在初期入网建设阶段,网络优化工作的主要内容是站点入网工程优化。随着站点入网商用交付的完成,网络优化工作逐步进入日常运维优化阶段。随着商用网络逐步成熟复杂,对网络质量提出了更高要求,专项优化应运而生。

工程优化工作是在网络规划、设备开通后,并且基站连片开通达到一定规模后才能进行的。工程优化的目的是针对刚刚建设完成的网络,通过对覆盖、切换、接入、速率等指标的优化,使网络性能满足商用要求。

工程优化验收完成后,网络会逐步进入商用维护阶段,日常运维优化工作主要从网络故障告警监控、KPI 性能监控、KPI 性能优化、例行测试优化、工参调整维护、参数核查优化等方面对网络性能质量进行全面基础维护,保障网络质量稳定提升,满足网络用户需求。

网络优化的最终目的是提供一个高质量的 5G 网络。网络质量的衡量标准则是一系列 KPI。在网络维护工作中,KPI 日常监控主要是为了发现前一天或当天影响网络指标的最坏小区,按照一定的规则筛选出最坏小区。NR 日常网络优化中通常关注的 KPI 指标有接入类指标、保持性指标、移动性指标、资源类指标、系统容量类指标以及覆盖干扰类指标。

在网络优化过程中,重点关注的指标有 SS-RSRP(SSB RSRP)和 SS-SINR(SSB SINR)。

3G 与 4G 网络一般通过 RSRP(reference signal receiving power,参考信号接收功率)来表示信号强度,通过 SINR(signal to interference plus noise ratio,信号与干扰加噪声比)来表示信号质量。在 5G 网络中,为实现资源最大化利用,取消了 CRS 信号,转为通过 SS-RSRP(SSB RSRP)和 SS-SINR(SSB SINR)来表示网络质量。在网络测量中,若 SSB RSRP 低于考核设定值,则表示此区域存在弱覆盖;若 SSB RSRP 数值达标但 SSB SINR 低于考核设定值,则表示此区域存在干扰问题。

网络优化主要分析的内容包括以下几方面:

(1)覆盖分析:弱覆盖问题点提取与分析。

(2)低速率分析:速率不达标问题点提取与分析。

(3)干扰分析:干扰问题点提取与分析。

(4)业务分析:常用 App 业务感知分析。

2. 常见的网络优化问题

1)弱覆盖问题

良好的无线覆盖是保障移动通信网络质量的前提。在无线网络优化中,第一步是进行覆盖的优化,这也是非常关键的一步。特别是对于 5G 网络而言,由于其多采用同频组网方式,同频干扰严重,覆盖与干扰问题对网络性能影响重大。

覆盖优化主要有两个内容:控制弱覆盖和重叠覆盖。但就其基础性而言,首先应为消除弱覆盖,其次才是控制重叠覆盖问题。

通常在优化过程中,发现连续 5 s 且距离大于或等于 30 m,服务小区 RSRP<-110 dBm 或 SINR<-3 dB,则认定该区域为弱覆盖区域。

弱覆盖问题产生的原因主要有以下几类:

(1)站点规划不合理。站点规划直接决定了后期覆盖优化的工作量和未来网络所能达到的最佳性能。受地图数据完整性、准确性及仿真软件算法的影响,有可能存在站点规划不合理的现象。

(2)实际站点与规划站点的位置偏差。规划站点的位置是经过仿真验证能够满足覆盖要求的,但由于各种原因实际站点的位置与规划站点的位置可能存在一定偏差,导致网络在建设阶段就存在覆盖问题。

(3)实际数据和规划数据不一致。由于安装质量问题,可能出现天线挂高、方位角、下倾角、天线类型等实际数据与规划数据的不一致现象,使得原本规划已满足要求的网络在建成后出现很多覆盖问题。

(4)覆盖区域无线环境的变化。无线环境在网络建设过程中发生变化,如个别区域增加建筑物,形成阻挡,从而导致出现弱覆盖。

(5)基站或天馈系统的故障。例如,基站退服或天馈高驻波等。

(6)参数设置不合理。例如,RS 发射功率调整过低、最小接收电平调置偏高、切换参数设置不合理等。

（7）增加新的覆盖需求。由于覆盖范围增加、新增站点、搬迁站点等，导致网络覆盖发生变化。

解决弱覆盖问题，在保证基站及天馈系统工作正常、参数设置合理的情况下，大体上有以下几种优化措施：

（1）调整天线下倾角。通过调整天线的机械或电子下倾角，使得天线的主瓣正对弱覆盖区域。该方法实施方便，是一种常用的优化弱覆盖的手段，但如果弱覆盖区域周边阻挡严重，那么优化效果不会太明显。同时，在调整过程中，要注意机械下倾角不应超过 10°。

（2）调整天线方位角。通过调整天线方位角，使得天线的主瓣正对弱覆盖区域。该方法实施方便，也是一种常用的优化弱覆盖的手段，但如果弱覆盖区域周边阻挡严重，那么优化效果也不会太明显。同时，在调整过程中，要注意避免造成其他区域的弱覆盖问题及干扰问题。

（3）调整 RS 的功率。通过加大 RS 的功率来加强覆盖，可快速实现优化。但由于 RS 所能增加的功率有限，因此在弱覆盖严重的区域优化效果不明显，同时加大功率需考虑对周边小区带来干扰问题。

（4）升高或降低天线挂高。通过调整天线的相对高度来优化由于天线受到阻挡而形成弱覆盖的区域。该方法需要进行工程整改，实施较复杂，同时受到馈线长度等的限制。

（5）站点搬迁。由于站点位置规划不合理或后期受周边环境改变等的影响，使得基站无法对周边形成有效覆盖时，可考虑此方法。该方法涉及重新立杆、走线，甚至重新规划、优化的问题，因此实施较复杂。

（6）新增站点或 AAU。此方法主要用于经以上优化仍无法解决的弱覆盖区域。该方法涉及站点的规划、建设、成本投资问题，因此为最后的优化手段。

在解决弱覆盖问题时，优化手段由易到难，可优先考虑加大 RS 功率、调整天线下倾角、调整天线方位角等方法，在上述优化手段均无法解决问题的情况下，再考虑站点搬迁、新增站点等方法。

在 5G 全网软件中，弱覆盖产生的原因通常是波束配置不够准确。

波束的配置设计为基站发射出波束的配置，主要有方位角、下倾角、水平波宽、垂直波宽几个参数。方位角是从基站的正北方向起，依顺时针方向到天面的水平夹角；下倾角是天线和竖直面的夹角，如图 6-2 所示。

水平波宽是在水平方向上，在最大辐射方向两侧，辐射功率下降 3 dB 的两个方向的夹角宽度。垂直波宽是在垂直方向上，在最大辐射方向两侧，辐射功率下降 3 dB 的两个方向的夹角宽度。水平波束与垂直波束如图 6-3 所示。

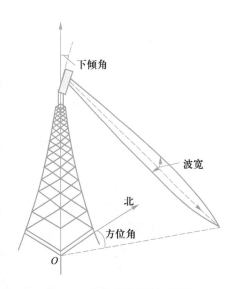

图 6-2　方位角、下倾角、波宽

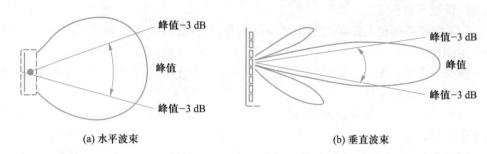

图 6-3   水平波束与垂直波束

2）低速率问题

5G 网络较 4G 网络而言,最大的优势在于为用户提供更高速率。小区峰值吞吐量是 5G 网络的一个基本性能指标,因此小区下行速率测试或演示是众多局点客户的一个普遍需求。同时,在实际应用中,众多用户存在 VR/AR、4K/8K 视频、超高清监控、工业相机等大量超高带宽的应用,因此如何通过参数、射频优化手段提升 5G 网络中单点或连片区域的上、下行速率成为摆在网络优化工程师面前最为重要的问题。

业务速率低属于用户面的问题,在分析低速率问题时,现实工作中需要使用前台测试结合数据包抓包等多种手段综合进行分析。如果测试速率与理论峰值速率差距过大,就认为当前网络存在低速率的问题,需要进行优化处理。

5G NR 的峰值上、下行速率需要结合帧结构、信道配置、MIMO 流数等具体配置进行理论推算,按照目前电信商用的 NSA 组网、2.5 ms 帧结构、“UDP&SU” 场景信道配置、终端 1T4R 来推算,上、下行速率可以达到 170 Mbit/s 和 1.4 Gbit/s。但在实际优化过程中,只能通过各种优化手段让测试速率尽可能接近这个速率,从而获得较好的 5G 业务使用感知。

在实际网络优化工作中,低速率问题的解决方案主要包括以下几种:

（1）配置更多的资源传输上、下行有用信息。可以通过参数配置,实现 PDCCH 和 PDSCH 的同时传输,还可以配置更多的时频资源,使用户获得更高的传输速率。如建网带宽为 100 MHz,可用的 RB 数量为 273 个。如果配置的 RB 数量不足 273 个,则将达不到理想的测试速率。

（2）测试终端性能核查。例如,核心网对 UIM 卡的签约速率必须高于 1 Gbit/s,最好签约为 2 Gbit/s,才能测试出最高的峰值速率。

（3）无线网络优化的本质是一个端到端、多专业的网络优化,为了达到较好的测试速率,对传输网络的性能要求也非常高。

（4）检查无线基站配置和告警核查要点。基站配置的参数众多,其中一些参数的设置对速率影响很大。

（5）在路测时选择多径环境,实现高阶的 MIMO 传输,还要注意测试车辆移动速度的影响。

（6）关注是否因为弱覆盖引起低速率。例如,无线信号弱会导致终端接收信号的 RSRP 低,系统站间干扰也会引起低速率问题。比较典型的例子是导频污染,在确定了主服务小区后,可通过调整其他小区的方位角、下倾角、功率等相关参数来减小该区域的干扰问题。

在 5G 全网软件中,引起低速率的主要原因有以下几种:

(1)HSS(Option 3x)或 UDM(Option 2)中速率配置过低。HSS 中的 APN-AMBR 速率和 UE-AMBR 速率、DU 对接配置中的以太网速率这三个速率的最小值决定了最终业务验证的速率。

(2)DU 测量与定时器开关/小区业务参数中帧结构的时隙中的下行符号配置过少。

(3)优化验证界面的收发模式如果为 64T64R,速率会高一些,无须与前面的 MIMO 配置一致。

(4)DU 小区中的 BWPUL 和 BWPDL 中的 RB 数配置过低,可适当提高。

3. 网络优化实施流程

在进行 5G NR 信号优化时,无论是 SA 网络还是 NSA 网络,均可参考以下优化方法:

1)工程参数优化

调整内容:下倾角、方位角、小区 RE 参考功率、天线高度、站址位置。

调整原则:优先调整天馈角度与挂高,其次调整功率,最后进行站址搬迁。

2)无线参数优化

优化参数:频点、PCI、PRACH 根序列、邻区、切换门限、波束权值。

3)信道覆盖增强技术

SSB/PBCH:默认宽波束。

PDCCH:PDCCH Boosting、PDSCH/PDCCH、BC/BF。

SmallCDD:开启后终端上行由单发调整为 4 发,上行有 5~6 dB 的覆盖增益。

需注意在信号质量优化时 RSRP 优化与 SINR 优化的平衡关系,避免产生过覆盖情形。优化完成后必须进行多轮复测,保证问题闭环。

通过软件中的无线参数配置部分,合理调整网络参数,优化网络 RSRP、SINR 等信号指标参数。通过实际问题的处理,提供一种网络优化的思路与操作指导。

根据以上优化方法,优化流程如图 6-4 所示。

在完成优化的基础配置之后,首先要进行初始测试。通过测试的关键参数,如 SSB RSRP 和 SSB SINR,发现信号存在的问题,此时依次进行工程参数优化、功率优化、其他无线参数优化。每次优化之后,均需进行复测,如果发现信号质量有一定改善,但未达到要求,就进入下一轮优化。

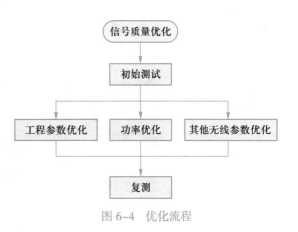

图 6-4 优化流程

任务实施

为了完成本任务,需要进行站点选址、配置优化数据、配置终端参数、进行优化测试、优化网络性能 5 个步骤。

1. 站点选址

登录 5G 全网软件的客户端,单击"网络规划"→"站点选址",进入对应城市机房,选择合适的塔型进行放置。单击铁塔,修改扇区方位角。

步骤 1:基站位置选择。

进入城市配置界面后,可以看到界面中有许多黄色的热点区域,即为拖放基站的位置,如图 6-5 所示。

图 6-5　基站位置选择

步骤 2:塔型选择。

5G 全网软件中的塔型如图 6-6 所示。

图 6-6　塔型选择

对于塔型的选择是根据所选择的场景不同而不同的。

在城市场景选择中,共有三大场景,分别是兴城市、建安市和四水市。它们对应的场景类型分别是:兴城市属于居民楼场景,建筑布局规范;建安市属于 CBD 场景,商业发达,高楼错落;四水市属于郊区农村场景,被植被环绕。可根据自身的需求进行选择,如果选择的塔型不能应用于该城市场景,系统会提示该塔型与该场景不符。

以兴城市为例,该场景下只能选择楼顶铁塔等楼顶塔型。

步骤 3:天线下倾角和方位角配置。

双击已放置好的基站,即可打开配置界面,如图 6-7 所示,可配置的数据有塔高、下倾角和方位角。

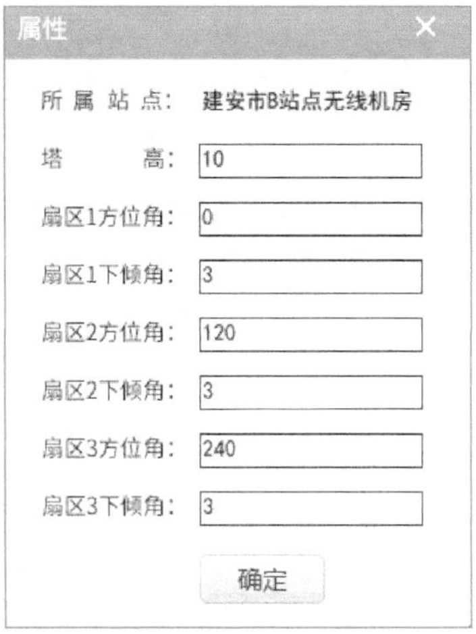

2. 配置优化数据

单击"网络配置"→"数据配置",并单击相应机房进入配置界面。

步骤 1:QoS 业务配置。

单击 ITBBU→DU→"DU 功能配置"→"QoS 业务配置" 选项,添加 3 条 QoS 参数,对应 QoS 分类标识分别为 1、5、8 或 9。同时进入HSS(Option 3x)或 UDM(Option 2),检查是否同样配置了 3 个 QoS分类标识。QoS 业务配置如表 6-1 所示。

图 6-7　天线下倾角和方位角配置

表 6-1　QoS 业务配置

QoS 分类标识	业务承载类型	业务类型名称
1	GBR	VOIP
5	Non-GBR	IMS signaling
8 或 9	Non-GBR	NVIP default bearer

步骤 2:网络切片配置。

单击 ITBBU→DU→"DU 功能配置"→"网络切片配置" 选项进行配置。配置时注意 SNSSAI 标识、SST 和 SD 要与核心网一致。分片 IP 地址与 DU 在同一网段即可。虽然 Option 3x 实际上不支持切片,但是软件要进行基础优化必须要配置此项,此时SNSSAI 标识、SST 和 SD 可以自行规划。

步骤 3:DU 小区配置。

单击 ITBBU→DU→"DU 功能配置"→"DU 小区配置" 选项,检查 SSBlock 时域图谱位置是否正确。注意如果是 2.5 ms 帧周期,那么最多有 7 个波束,因此此项填写7 个 1,即 "1111111";如果是 5 ms 帧周期,则填写 8 个 "1"。

步骤 4:物理信道配置。

单击 ITBBU→DU→"物理信道配置" 选项,对全部信道进行配置,包括 PUCCH、PUSCH、PDCCH、PDSCH 和PBCH。注意每个信道需要配置 3 条,分别对应 3 个 DU小区。

PUCCH 信道配置参数参考表 6-2 和图 6-8。除了DU 小区标识不同以外,3 个 DU 小区可以配置一样的参数。

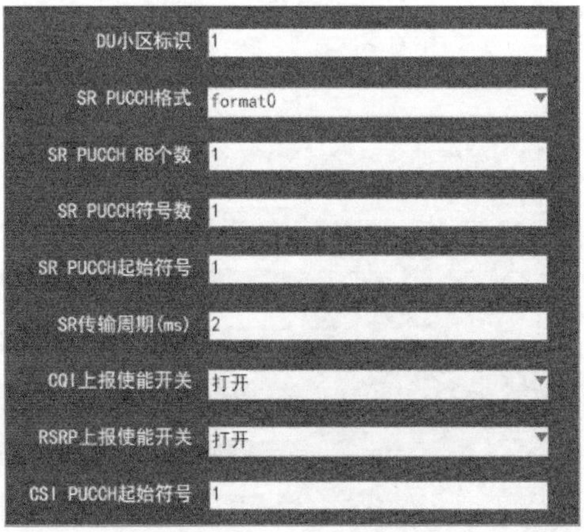

图 6-8　PUCCH 信道配置参数

表 6-2　PUCCH 信道配置参数说明及规划示例

参数名称	参数说明	规划示例
SR PUCCH 起始符号	BWP 内传输 SR（调度请求）的 PUCCH 符号个数	1
SR 传输周期/ms	发送 SR 的周期，为一维数组	2
CSI PUCCH 起始符号	上报 CSI（UE 将下行信道质量反馈给 gNB 的信道质量指示符）的 PUCCH 资源在 slot 内的起始符号	1

PUSCH 信道配置参数参考表 6-3 和图 6-9。除了 DU 小区标识不同以外，3 个 DU 小区可以配置一样的参数。

表 6-3　PUSCH 信道配置参数说明及规划示例

参数名称	参数说明	规划示例
上行 PMI 频选最大 RB 数门限	基站根据用户自带 PMI 的 SINR，选择信道质量好的 RB 位置，该参数用于控制参与 PMI 频选用户的上行调度最大 RB 数	3
mini-solt 调度时隙数	调度时隙中的符号个数，如 2、4、7	2

PDCCH 信道配置参数参考表 6-4 和图 6-10。除了 DU 小区标识不同以外，3 个 DU 小区可以配置一样的参数。

表 6-4　PDCCH 信道配置参数说明及规划示例

参数名称	参数说明	规划示例
PDCCH 空分每个 regbundle 最大流数	PDCCH 空分时每个 regbundle（REG 束）可以同时被多个 UE 占用，最大 UE 数即最大流数	2
Coreset 频域资源	当前 Coreset 在 BWP 内占用的 RB 资源位置	1
Coreset 时域符号个数	Coreset 时域符号个数	1
公共 PDCCH 的 CCE 聚合度	公共 PDCCH 的 CCE 聚合度，即使用几个 CCE 资源来发送 PDCCH 控制信息	4
初始 Coreset 对应的 CCE 聚合度	初始 Coreset 对应的 CCE 聚合度，聚合度越高，码率越低，解调性能越好	4

图 6-9　PUSCH 信道配置参数

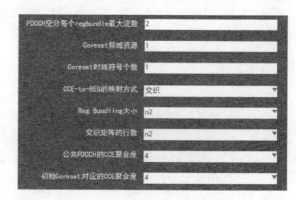

图 6-10　PDCCH 信道配置参数

PDSCH 信道配置参数参考表 6-5 和图 6-11。除了 DU 小区标识不同以外, 3 个 DU 小区可以配置一样的参数。

表 6-5　PDSCH 信道配置参数说明及规划示例

参数名称	参数说明	规划示例
UE 专用的 PDSCH DMRS 类型	PDSCH 在频域上的映射类型, type1 支持 8 端口 (8 流), type2 支持 12 端口 (12 流)	type1

PBCH 信道配置参数参考表 6-6 和图 6-12。除了 DU 小区标识不同以外, 3 个 DU 小区可以配置一样的参数。

表 6-6　PBCH 信道配置参数说明及规划示例

参数名称	参数说明	规划示例
初始 Coreset RB 符号数	初始 Coreset 的 RB 符号个数, 即 Coreset0 在频域资源所占的 RB 个数和在时域资源所占的符号个数	24 个 RB 2 个符号 [24-2]
SSBlock 发送周期	SSBlock (同步信号块) 的发送周期	5ms

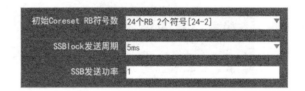

图 6-11　PDSCH 信道配置参数　　　　　图 6-12　PBCH 信道配置参数

步骤 5: RSRP 测量配置。

单击 ITBBU→DU→"测量与定时器开关"→"RSRP 测量配置" 选项, 此处需要配置 3 个 DU 小区。注意一定要将测量上报量类型选择为 SSB RSRP 或 SSB and CSI RSRP 类型, 一定不可配置为 none。同时, SSB 使能开关一定要打开。配置参数参考表 6-7 和图 6-13。

表 6-7　RSRP 测量配置参数说明及规划示例

参数名称	参数说明	规划示例
测量上报量类型	共 7 种测量上报量类型, 可指示终端按照规定类型进行上报	SSB RSRP
CSI-RS 符号在配置周期内偏移的 slot 数	CSI-RS 符号在配置周期内允许偏移的时隙数	1

步骤 6: 小区业务参数配置。

单击 "小区业务参数配置" 选项, 完成对应小区的子波束配置, 如图 6-14 所示。注意, 本软件中实际的信号方向=基站设置方位角+子波束方位角。下倾角同理。例如, 第一个小区在站址选择时方位角最初设定的是 0°, 下倾角为 3°。在子波束

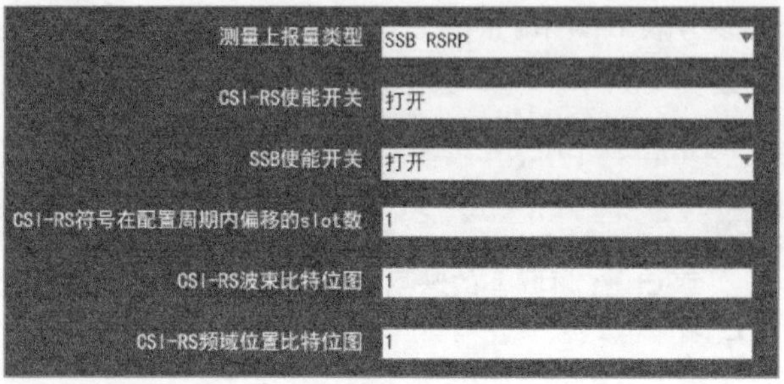

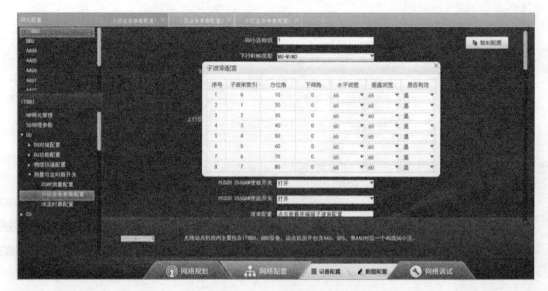

图 6-13　RSRP 测量配置参数

图 6-14　子波束配置

　　设置时,第一个子波束设定的方位角为 10°,下倾角为 0°,水平波宽为 60°,垂直波宽为 40°。那么现在第一个子波束实际的水平方向就是以 10° 为中心,左右各 30° 的扇形区域;垂直方向则是以 3° 为中心,上下各 20° 的扇形区域。

　　注意此处波束数量不超过步骤 3 中规定的数量,波束下倾角只能填 10 的倍数,方位角不超过 ±80°。

　　步骤 7:NR 重选配置。

　　单击 CU→"gNBCUCP 功能"→"NR 重选"选项,完成 3 个小区的重选配置。NR 重选的配置原则参见任务 8.1 中的内容,此处配置如图 6-15 和图 6-16 所示。

　　重选测量 2 和重选测量 3 均与重选测量 1 数值保持一致,只需修改 CU 小区标识,重选测量 2 的 CU 小区标识为 2,重选测量 3 的 CU 小区标识为 3。

　　步骤 8:增强双连接功能配置。

　　单击 CU→"增强双连接功能"选项进行配置。配置时注意"释放 Sn 的 A2 事件 RSRP 门限"需要尽量小,才能尽快释放。

　　步骤 9:网络切片配置。

　　单击 CU→"gNBCUUP 功能"→"网络切片"选项进行配置。配置时注意 SNSSAI

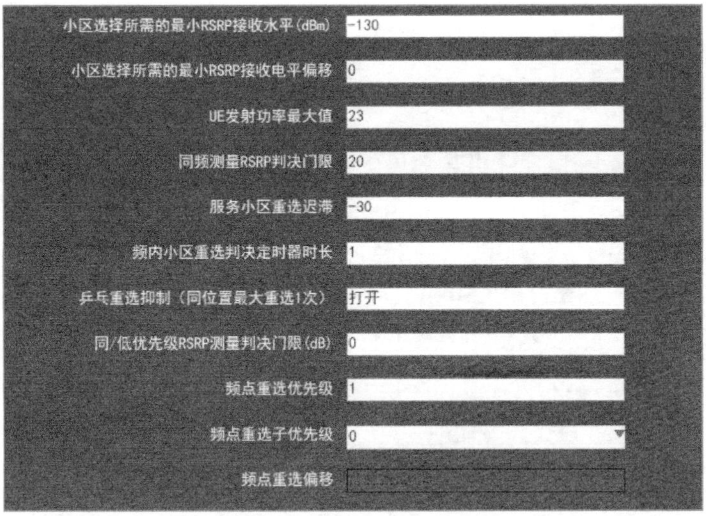

图 6-15　小区的重选配置(1)

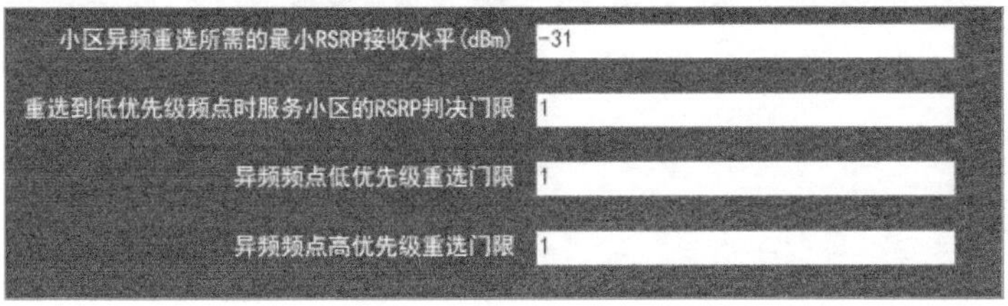

图 6-16　小区的重选配置(2)

标识、SST 和 SD 要与步骤 2 保持一致,分片 IP 地址与 CU 在同一网段即可。

3. 配置终端参数

完成以上配置内容后,进行拨测测试。单击"网络调试"→"网络优化",再单击左侧的"基础优化",选择对应的城市,单击左上角终端,进行终端配置。

终端配置的参数需要与核心网 HSS 或 UDM 中的参数保持一致,收发模式建议选择 64T64R。

4. 进行优化测试

拖动终端到对应的测试点上,右侧会显示 SINR、RSRP 值。

如果未显示接收到的小区信号,需要检查优化数据是否配置正确。当测量点出现小区信号时,单击界面右下角的三个按钮,分别进行语音、视频、直播的业务测试,显示高亮色的图标即为拨测成功,如图 6-17 所示。

5. 优化网络性能

如果拖动终端,发现其他位置有信号,仅测试点没有信号或信号强度不佳,即为弱覆盖问题,需要反复进行波束调整。

如果优化测试中发现上/下行速率过低,影响视频和直播的播放效果,即为低速率问题,需要进行网络性能的优化,详见本任务"任务准备"→"常见的网络优化问题"→"低速率问题"中介绍的参数调整方法。

图 6-17　网络优化测试界面

任务拓展

思考一下,能否实现本城市全部测试点优化业务测试成功? 若不成功,需要从哪些配置入手进行修改?

任务测验

答案

项目 6 任务测验
答案

单选题

1. "小区业务参数配置" 中 "子波束配置" 里的子波束索引是从(　　　)开始代表第一个波束的。

　　A. 0　　　　　　　　　　　　　　B. 1

　　C. 2　　　　　　　　　　　　　　D. 3

2. 在站点选址中,铁塔一般部署于(　　　)。

　　A. 农村　　　　　　　　　　　　B. 工厂

　　C. 城区　　　　　　　　　　　　D. 住宅小区

3. 为了实现数据业务验证,QCI 一般要选择(　　　)。

　　A. 1　　　　　　　　　　　　　　B. 5

　　C. 8　　　　　　　　　　　　　　D. 100

4. 代表信号质量很差的 SINR 值是(　　　)。

　　A. 25　　　　　　　　　　　　　B. 14

　　C. 20　　　　　　　　　　　　　D. 2

5. 2.5 ms 的帧结构能配置的波束最多为（　　　）。

　　A. 2　　　　　　　　　　　　　B. 5

　　C. 7　　　　　　　　　　　　　D. 8

项目总结

本项目介绍了 5G 网络优化的基本概念，重点讲解了 5G 网络质量的 KPI 参数、优化的步骤、影响优化的因素。通过本项目，可掌握优化配置的全流程。

本项目学习的重点主要是：5G 网络优化 KPI 参数；5G 网络优化的步骤。

本项目学习的难点主要是：波束的调整方法；影响网络优化性能的参数调整方法。

赛事模拟

【节选自 2021 年全国职业院校技能大赛"5G 全网建设技术"赛项省赛样题】

2020 年是"新基建"爆发的一年，其中以 5G 基建为首的中国七大"新基建"被提上了战略高度，成为建设焦点。近两年以来，全国已有近 30 个省份相继发布 5G 建设计划，按下 5G 基站建设快进键。据工业和信息化部预计，截至 2021 年 8 月底，全国 5G 基站数超过 100 万个。

兴城市、建安市、四水市三个城市作为国内首批 5G 网络试点城市，积极抢抓"新基建"战略机遇，快速部署 5G 网络建设。其中兴城市率先在 5G+智慧城市领域展开积极探索，计划加快建设一批智慧应用示范标杆项目，以某社区作为 5G 智慧灯杆建设区域试点，启动了"5G 智慧社区试点项目"。根据项目规划，一期任务要实现兴城市、建安市和四水市 5G 基础业务正常运行，同时在兴城市实现 5G 智慧灯杆试点应用落地。

目前全市已完成基础话务模型采集，并完成了部分设备与数据配置，请在既有网络架构上完成相关配置与调试，保障终端正常入网。

（1）根据已有网络规划参数及网络建设的实际情况，完成无线站点机房、承载网机房以及核心网机房中的设备部署及业务调试。

（2）在工程模式下，实现兴城市、建安市、四水市三个城市共 12 个小区端到端的终端会话或注册联网业务正常拨测。

（3）在工程模式下完成兴城市 J1、J7，建安市 X4，四水市 S2 四个点的定点测试，要求如下：

J1：SSB RSRP ≥ −78 dBm，SSB SINR ≥ 30 dB，上行速率 ≥ 440 Mbit/s，下行速率 ≥ 1 970 Mbit/s，语音、视频、直播业务正常。

J7：SSB RSRP ≥ −84 dBm，SSB SINR ≥ 29 dB，上行速率 ≥ 410 Mbit/s，下行速率 ≥ 1 820 Mbit/s，语音、视频、直播业务正常。

X4：SSB RSRP ≥ −79 dBm，SSB SINR ≥ 30 dB，上行速率 ≥ 100 Mbit/s，下行速率 ≥ 1 260 Mbit/s，语音、视频、直播业务正常。

S2：SSB RSRP ≥ −75 dBm，SSB SINR ≥ 30 dB，上行速率 ≥ 1 050 Mbit/s，下行速

率≥1 050 Mbit/s，语音、视频、直播业务正常。

【解析】

此题属于数据完善题，重点考查学生对数据之间关系的理解情况，看其能否在部分已知数据的基础上，补全其余数据并进行调试。此题在基础配置之上，要求进一步实现优化，并对优化后的指标提出一个基本门槛。要求学生掌握优化的步骤，并能灵活调整优化的参数。

項目 **7**

支持 5G 新业务(切片)

☑ 项目引入

　　5G 网络提供了多样化的服务,包括车联网、智慧城市、工业自动化、远程医疗、VR/AR 等。不同服务对网络的要求不一样,如工业自动化要求低时延、高可靠,但对数据速率要求不高;高清视频无须超低时延但要求超高速率;一些大规模物联网不需要切换,但网络容量方面面临极大挑战。因此需要把一张 5G 网络切成多个虚拟且相互隔离的子网络,分别应对不同的服务。

　　本项目将通过一个任务,对 5G 的网络切片进行配置。通过此项目,可以了解 5G 网络切片的基本概念和基本流程,加深对网络切片的理解。

☑ 知识图谱

　　本项目知识图谱如图 7-1 所示。

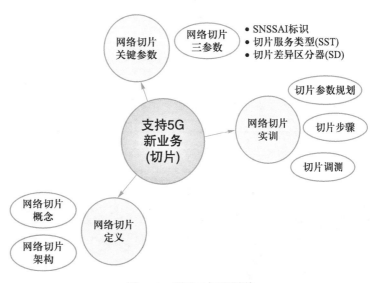

图 7-1　项目 7 知识图谱

☑ 项目目标

➤ 知识目标
- 掌握网络切片的基本概念。
- 掌握网络切片的基本参数。
- 掌握网络切片的配置步骤。

➤ 能力目标
- 具备作为规划建设人员进行网络切片配置的能力。
- 具备作为网络优化人员进行切片参数分析与优化的能力。

➤ 素养目标
- 具有自我学习的习惯、爱好和能力。
- 具有学习迁移的能力。
- 具有科学精神和科学态度。

➤ "5G 移动网络运维"职业技能等级证书考点
- （初级）达到网络优化模块中后台 KPI 分析与参数配置要求。
- （高级）达到网络优化模块中场景特性全网运维要求。

任务 配置 5G 切片新业务

任务描述

本任务满足的前提是:网络模式为 5GC 核心网,前期配置基础网络成功接入,能够正常进行语音和数据业务,且进行网络基础优化能实现语音、视频、直播的业务测试。此时进行网络切片参数的调整,完成 5G 切片的新业务,如自动驾驶的切片业务。

需要注意的是,一定要保证切片业务进行的区域能被小区子载波波束正常覆盖,且能进行优化测试,否则会提示基础会话不可用。

任务准备

为了完成本任务,需要做以下知识准备:

(1)了解网络切片的定义。

(2)了解网络切片的架构。

(3)了解网络切片的关键参数。

(4)掌握网络切片规划流程。

1. 网络切片的定义

网络切片(network slicing)是指网络根据承载业务的自有特征和需求,对端到端的网络资源(网络功能、物理硬件及接口管道资源等)进行逻辑划分和封装,以满足不同业务对网络带宽、时延、可靠性等网络性能的 QoS 需求,且自身网络发生故障和恢复时不影响其他切片业务的技术,如图 7-2 所示。

微课
网络切片

微课
网络切片的应用

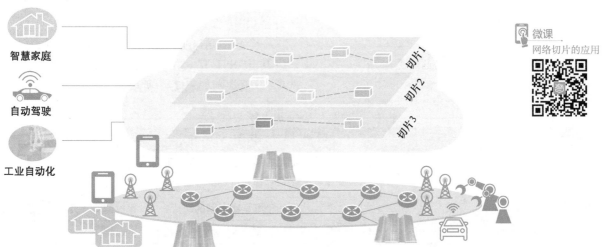

图 7-2　网络切片

网络切片通过统一的物理设备实现了具有不同的特定网络能力和网络特性的逻辑网络,每个虚拟逻辑网络之间包括网络内的设备、接入、传输和核心网,是逻辑独立的。

2. 网络切片的架构

一个切片可以提供一个或多个服务,一个切片由一个或多个子切片组成,两个切片可以共享一个或多个子切片,一个 UE 能够同时支持 1~8 个切片。网络切片需要无线网、承载网、核心网共同参与,5GC 内主要涉及 NSSF、SMF、AMF、NRF、PCF、UPF 等 NF。切片与会话中的 QoS 流密切相关,同一个会话的多个流只能在一个切片中。如果 UE 接入多个切片,AMF 在切片间需要共享。网络切片的架构如图 7-3 所示。

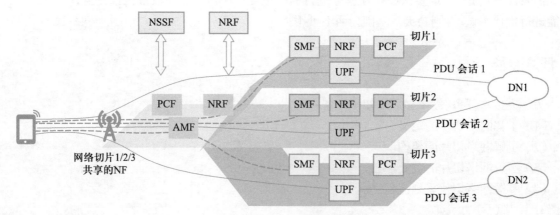

图 7-3　网络切片的架构

3. 网络切片的关键参数

为区分不同的端到端网络切片,5G 系统使用网络切片选择辅助信息 SNSSAI 来标识一个切片,一个 SNSSAI 包括切片服务类型（SST）和切片差异区分器（SD）,多个 SNSSAI 可组成 NSSAI。

一个 SNSSAI 的组成示意图如图 7-4 所示。

其中,SST 有 eMBB、URLLC、mMTC、V2X 四个选项,取值规则如表 7-1 所示。

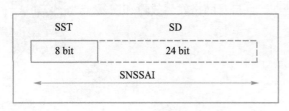

图 7-4　一个 SNSSAI 的组成示意图

表 7-1　SST 取值规则

切片/服务类型	SST 取值	特征
eMBB	1	适用于 5G 增强型移动宽带场景
URLLC	2	用户处理超可靠的低时延通信
mMTC	3	适用于海量物联网的切片
V2X	4	适用于 V2X 服务处理的切片

V2X 对时延和速率均有很高要求,是 URLLC 场景的典型应用,在 R15 协议中,其对应的 SST 为 2,R16 协议中将其从 URLLC 中独立出来,定义了单独的 SST,取值为 4,

部分厂家前期也可选择 URLLC 对应的 SST。

　　SD 可作为 SST 的补充，用于区分同一个 SST 下的多个网络切片，其在 SNSSAI 中是可选信息，长度为 24 bit。由于 SD 是可选信息，因此如果没有与 SST 关联时，其值为 0xFFFFFF。

　　4. 网络切片规划流程

　　网络切片的规划包括基本规划、组网规划、资源规划和数据配置规划，具体流程内容如图 7-5 所示。

图 7-5　网络切片规划流程

任务实施

　　自动驾驶应用与优化为本任务的主要配置，为了完成本任务，共分为两大实施步骤，分别是实训规划和实训步骤。

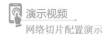
演示视频
网络切片配置演示

　　1. 实训规划

　　本任务的前提条件是终端所在无线小区业务正常，可正常进行语音、上传及下载业务。数据配置中的切片参数规划示例如表 7-2 所示。

表 7-2　切片参数规划示例

参数名称	规划示例
AMF-NSSF 客户端地址	103.1.1.1
AMF-NSSF 服务端地址	104.1.1.1
所有网元/NF-SNSSAI 标识/SNSSAI ID	1
所有网元/NF-SST	V2X
所有网元/NF-SD	1
NSSF-AMF ID	1
NSSF-AMF 客户端 IP	11.1.1.1
NSSF-AMF 服务端 IP	20.1.1.1

续表

参数名称	规划示例
NSSF-TAC	1122
UDM-PLMN ID	1
UDM-默认 SNSSAI	1
UDM-SUPI	460001234567890
SMF-UPF ID	1
UPF-DN 地址	在 UPF 中自行配置
UPF-DN 属性	车联网本地云
UPF-分片最大上行速率/（Gbit/s）	1 000
UPF-分片最大下行速率/（Gbit/s）	1 000
DU-QoS 标识类型	5QI
DU-QoS 分类标识	83
DU-业务承载类型	Delay Critical GBR
DU-业务数据包 QoS 延迟参数	1
DU-丢包率	1
DU-业务优先级	1
DU-业务类型名称	V2X message
DU/CU-PLMN	46000
DU-分片 IP 地址	20.20.20.100
DU-切片级下行保障速率/（Gbit/s）	4 000
DU-切片级上行保障速率/（Gbit/s）	4 000
DU-切片级下行最大速率/（Gbit/s）	4 000
DU-切片级上行最大速率/（Gbit/s）	4 000
DU-切片级流控窗长	10
DU-基于切片的用户数的接纳控制门限	1
CU-分片 IP 地址	40.40.40.100
SPN-FlexE Group ID	1
SPN-FlexE Group 状态	UP
SPN-Calendar	A
SPN-成员接口配置	100GE-1/1
SPN-FlexE Client ID	1
SPN-FlexE Client 状态	UP
SPN-FlexE Group	1
SPN-时隙配置	点选,10G 以上

参数名称	规划示例
SPN-时隙匹配方式	自动
SPN-源 FlexE Group	1
SPN-源 FlexE Client	1
SPN-交叉连接	/
SPN-宿 FlexE Group	2
SPN-宿 FlexE Client	2

切片验证界面自动驾驶切片参数规划示例如表 7-3 所示。

表 7-3　自动驾驶切片参数规划示例

参数名称	规划示例
业务 SNSSAI	1
业务 SST	V2X
业务 SD	1
FlexE Client	1
DN 属性	车联网本地云

2. 实训步骤

步骤 1：AMF 切片参数配置。

依次选择 "网络配置"→"数据配置"→"核心网"→"建安市核心网机房"。

单击 AMF→"切片策略配置" 选项，根据数据规划对 "NSSF 地址配置" 和 "SNSSAI 配置" 进行配置。注意 NSSF 端口号为 1。

步骤 2：NSSF 切片参数配置。

单击 NSSF→"切片业务配置" 选项，根据数据规划对 "SNSSAI 配置" 进行配置。注意 NSSF 侧 AMF IP 地址为 AMF 的服务端地址。

步骤 3：UDM 切片参数配置。

单击 UDM→"用户签约配置" 选项，对 "切片签约信息" 进行配置。PLMN ID 为 1，其余参数根据数据规划配置即可。

步骤 4：SMF 切片参数配置。

单击 SMF→"SMF 切片功能配置" 选项，对 "UPF 支持的 SNSSAI" 和 "SMF 支持的 SNSSAI" 进行配置。UPF ID 为 1，其余参数根据数据规划配置即可。

步骤 5：UPF 切片参数配置。

单击 UPF，根据数据规划对 "对接配置" 和 "UPF 切片功能配置" 进行配置。

步骤 6：DU 网络切片参数配置。

依次选择 "网络配置"→"数据配置"→"无线网"→"建安市 B 站点机房"。

进行 DU 网络切片参数配置时，需保证区域内所有无线站点小区均支持规划的切片。单击 ITBBU→DU→"DU 功能配置"→"网络切片配置" 选项,根据数据规划进行配置。

步骤 7:CU 网络切片参数配置。

进行 CU 网络切片参数配置时,需保证区域内所有无线站点小区均支持规划的切片。单击 CU→"gNBCUUP 功能"→"网络切片" 选项,根据数据规划进行配置。

步骤 8:QoS 业务配置。

QoS 业务配置主要用于添加自动驾驶切片对应的 QoS。单击 DU→"DU 功能配置"→"QoS 业务配置" 选项,设置 QoS 标识类型为 5QI,QoS 分类标识为 83,业务承载类型为 Delay Critical GBR,业务类型名称为 V2X message。配置完成后还需与 UDM 中的 DNN 相关联,即单击 UDM→"用户签约配置"→"DNN 管理" 选项,在 5QI 参数中添加 "83"。

步骤 9:SPN FlexE 参数配置。

SPN FlexE 参数配置是软件中工程模式下网络切片的配置项之一,包含 FlexE Group、FlexE Client、FlexE 交叉等的配置。本任务为实训模式,暂不考虑 FlexE 相关配置。

步骤 10:终端配置及优化测试。

自动驾驶测试会有小车沿建安市四周街道行驶一周,因此必须保证这一周都有优化后的波束信号。如发现有地方没有信号,需进行相关优化。

步骤 11:自动驾驶切片编排与设备配置。

单击 "网络调试"→"网络优化"→"网络切片编排",选择 "建安市",在界面右侧设置业务类型为 "自动驾驶",按表 7-3 填写相关参数,进行测试。小车成功绕建安市一周,表示自动驾驶测试通过;否则测试失败。

步骤 12:自动驾驶初测。

自动驾驶初测主要对问题点进行挖掘定位,通过通知消息内提示信息定位网络问题,包含 QoS 映射问题、网络速率问题、丢包问题与时延问题。若测试通过,则无须进行后续步骤 13 与步骤 14;测试不通过则进入后续步骤。

步骤 13:5G NR 时延与丢包率优化。

5G NR 时延与丢包率优化通过对无线参数进行优化实现,需注意时延与丢包率优化参数的合理配置,对于部分优化参数,可能存在参数间优化效果冲突的情况。例如,调大数值后,丢包率降低,但时延升高;调小数值后,丢包率升高,但时延减少。相关优化参数包含物理信道配置、RLC 配置、PDCP 配置、小区业务参数等。

步骤 14:自动驾驶完整性测试。

自动驾驶完整性测试为优化完成后进行的复测,小车成功绕建安市一周,表示自动驾驶测试通过。

任务拓展

思考一下,自动驾驶切片和远程医疗切片两者之间的配置有什么区别? 需要从哪些配置入手进行修改?

任务测验

单选题

1. 一个 UE 同时最多支持(　　　)个切片业务。
   A. 8　　　　　　　　　B. 9　　　　　　　　　C. 10　　　　　　　　　D. 11

2. URLLC 支持的 5G 场景是(　　　)。
   A. 5G 增强型移动宽带场景　　　　　　B. 用户处理超可靠的低时延通信
   C. 海量物联网　　　　　　　　　　　D. V2X 服务处理

3. 远程医疗对应到 5G 全网软件中是(　　　)的配置。
   A. 兴城市　　　　　B. 建安市　　　　　C. 四水市

4. mMTC 支持的 5G 场景是(　　　)。
   A. 5G 增强型移动宽带场景　　　　　　B. 用户处理超可靠的低时延通信
   C. 海量物联网　　　　　　　　　　　D. V2X 服务处理

5. 远程医疗的 DN 属性是(　　　)。
   A. 车联网本地云　　　　　　　　　　B. 物联网本地云
   C. 医疗本地云　　　　　　　　　　　D. 公有云

答案
项目 7 任务测验
答案

项目总结

本项目介绍了网络切片的定义,重点讲解了网络切片的架构、关键参数及规划流程。通过本项目,可掌握网络切片配置的全流程。

本项目学习的重点主要是:网络切片的关键参数。

本项目学习的难点主要是:在切片测试区域实现波束连续性;影响网络切片性能的参数的调整方法。

赛事模拟

【选自 2022 年全国职业院校技能大赛"5G 全网建设技术"赛项国赛样题】

近日, "全国鼻科年会暨第十四届鼻部感染与变态反应疾病专题学术会议"即将在兴城市召开,本次大会邀请约 2 000 多名专家学者、学术骨干参会,是中华医学会每年一次鼻科学专业规模最大的全国性专题学术会议。

本次大会的手术演示、学术交流环节采用 5G 技术,直播主会场、分会场、手术直播间分别设置在兴城市国际会展中心、建安市中心医院、四水市附属第五医院。本次会议需通过 5G 网络实现跨三地的两套医疗及视频会议系统,需要实现四水市的现场音视频实时传送到兴城市和建安市,两地会场可同时观看手术室手术画面并实现现场互动。

目前,该项目的 5G 网络站点建设已基本完成,但在入网验收阶段发现站点业务异常,存在多处告警,请根据告警信息初步定位网络问题,发现并解决故障根源,保障此次手术直播和远程会诊的正常开展。

　　网络中共存在 80 处故障点，请使用相关工具，排查无线网、核心网及承载网的所有故障点并完成以下任务：

　　（1）三个城市采用 NSA 或 SA 组网模式，涵盖 Opiton 3x、Option 2 两种选项，其中四水市未部署核心网机房。无线部分包含 CU、DU 分离或合设部署模式，4G/5G 无线基带设备可共 5G BBU 或独立设备部署。各城市的组网架构与部署模式请参照网络拓扑规划，不可对组网模式、CU/DU 部署模式、4G/5G 无线站点部署模式、四水市归属核心网进行更改。

　　（2）在工程模式下，完成无线网、承载网及核心网端到端的对接调试，实现兴城市、建安市、四水市三个城市共 12 个小区的终端会话或注册联网业务正常拨测。

　　（3）在工程模式下，进行兴城市 J3、建安市 X4、四水市 S5 三个点的定点测试，要求如下：

　　J3：SSB RSRP≥-77 dBm，SSB SINR≥30 dB，上行速率≥610 Mbit/s，下行速率≥780 Mbit/s，语音、视频、直播业务正常。

　　X4：SSB RSRP≥-78 dBm，SSB SINR≥30 dB，上行速率≥390 Mbit/s，下行速率≥590 Mbit/s，语音、视频、直播业务正常。

　　S5：SSB RSRP≥-78 dBm，SSB SINR≥30 dB，上行速率≥3 330 Mbit/s，下行速率≥8 220 Mbit/s，语音、视频、直播业务正常。

　　（4）根据任务背景要求完成建安市的远程医疗切片的相关参数配置及调试，保障本次专题学术会议远程医疗业务的顺利开展。

　　（5）在"故障排查选项"界面，选择列举出所有故障发生的位置并保存提交。

【解析】

　　此题属于排障题，重点考查学生维护 5G 网络的能力，看其能否在已有数据配置的基础上，通过调试工具，定位故障点，排除数据故障问题，同时完成优化、切片业务的配置。

项目 **8**

管理 5G 网络移动性

☑ 项目引入

　　移动性管理（mobile management, MM）即是对移动终端位置信息、安全性以及业务连续性方面的管理，其目的是使终端与网络的联系状态达到最佳，进而为各种网络服务的应用提供保证。

　　本项目将通过对 5G 小区的重选、切换、漫游进行优化配置，以此了解 5G 小区的重选、切换以及漫游业务的基本概念和基本流程，加深对网络移动性的理解。

☑ 知识图谱

　　本项目知识图谱如图 8-1 所示。

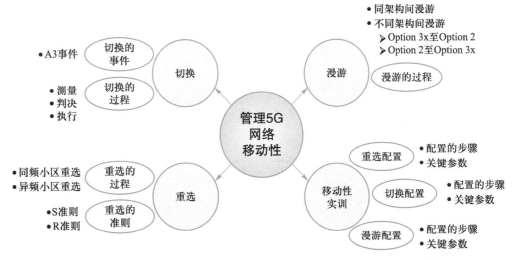

图 8-1　项目 8 知识图谱

☑ 项目目标

➤ 知识目标
- 掌握重选、切换、漫游的基本概念。
- 掌握重选、切换、漫游的基本参数。
- 掌握重选、切换、漫游的配置步骤。

➤ 能力目标
- 具备作为网络优化人员进行网络重选、切换、漫游配置的能力。
- 具备作为网络优化人员进行网络优化参数分析与优化的能力。

➤ 素养目标
- 具有总结与反思的能力。
- 具有小组协同工作的能力。
- 具有沟通与表达的能力。

➤ "5G 移动网络运维职业" 职业技能等级证书考点
- （初级）达到网络优化模块中前台基础业务测试要求。
- （中级）达到网络优化模块中无线综合性能维护与后台参数优化要求。
- （高级）达到网络优化模块中无线网络综合性能维护与优化要求。

任务 8.1　配置 5G 小区重选

任务描述

　　本任务在前期网络基础优化配置成功的情况下,进行小区重选所需的数据配置,包括对测量 RSRP 判决门限、RSRP 接收水平、RSRP 接收电平偏移、重选迟滞等小区重选参数的调整,完成小区重选。

　　通过本任务,可以学习小区网络重选原理及过程,掌握 5G 小区重选配置方法及流程。

任务准备

　　为了完成本任务,需要做以下知识准备:了解小区重选的过程。

　　UE 处于 RRC_IDEL 态或 RRC_INACTIVE 态时,均可进行小区重选。小区重选根据目标小区与服务小区的频点差异可分为同频重选和异频重选,其中异频重选又可根据目标频点优先级与服务小区频点优先级差异分为异频低优先级重选、异频同优先级重选与异频高优先级重选。NR 中将频点优先级进行了细分,有

实际的频点优先级=频点重选优先级+频点重选子优先级

　　重选需要经历重选启动测量、重选判决两个过程,不同类型的小区重选流程均需满足 UE 驻留在服务小区超过 1 s。

　　不同类型重选的判决准则各不相同,同频重选与异频同优先级重选均需遵循 S 准则和 R 准则,不同优先级重选需遵循相应的重选准则。

　　下面介绍重选启动测量和重选判决阶段的准则。

1. 重选启动测量

1）同频小区重选启动测量

　　UE 驻留在当前服务小区时,需要满足 S 准则,即搜索到小区的接收功率 Srxlev>0,且小区的接收信号质量 Squal>0。

　　其中,Srxlev 和 Squal 的计算公式为

$$Srxlev=Q_{rxlevmeas}-(Q_{rxlevmin}+Q_{rxlevminoffset})-P_{compensation}-Qoffset_{temp} \qquad (8-1)$$

$$Squal=Q_{qualmeas}-(Q_{qualmin}+Q_{qualminoffset})-Qoffset_{temp} \qquad (8-2)$$

式中,Srxlev 为根据 RSRP(参考信号接收功率)得到的计算结果;Squal 为根据 RSRQ(参考信号接收质量)得到的计算结果。现网多采用 RSRP 作为判决标准,小区选择参数说明如表 8–1 所示。

表 8-1　小区选择参数说明

参数名	意义
Srxlev	小区选择接收信号强度值(dB)
Squal	小区选择信号质量值(dB)
$Qoffset_{temp}$	小区的补偿值(dB),系统消息携带
$Q_{rxlevmeas}$	终端测量出来的小区同步信号强度值(SS-RSRP 参考 TS 38.133 协议的 4.2.2)
$Q_{qualmeas}$	终端测量出来的小区同步信号质量值(SS-RSRQ 参考 TS 38.133 协议的 4.2.2)
$Q_{rxlevmin}$	接入小区要求的最小接收信号强度值,基站网管可配置
$Q_{qualmin}$	接入小区要求的最低信号质量值,基站网管可配置
$Q_{rxlevminoffset}$	接收信号强度补偿值,基站网管可配置
$Q_{qualminoffset}$	接收信号质量补偿值,基站网管可配置
$P_{compensation}$	对于 FR1,如果 UE 支持 NR-NS-PmaxList 中的附加 Pmax(如果存在,在 SIB1/2/4 中): $P_{compensation}=max(P_{EMAX1}-P_{PowerClass},0)-[min(P_{EMAX2}-P_{PowerClass})-min(P_{EMAX1},P_{PowerClass})](dB)$; 其他情况:$P_{compensation}=max(P_{EMAX1}-P_{PowerClass},0)(dB)$ 对于 FR2:$P_{compensation}=0$
P_{EMAX1}、P_{EMAX2}	网络允许 UE 的最大发射功率值级别
$P_{PowerClass}$	UE 的最大射频输出功率级别

当驻留的服务小区信号强度或质量较差时,计算出来的 Srxlev 和 Squal 会呈现下降的趋势,当 Srxlev 和 Squal 低于系统设定的同频测量 RSRP 或 RSRQ 判决门限时,即启动对邻小区的重选测量,如式(8-3)所示:

$$0<Srxlev\leqslant S_{IntraSearchP} \text{ 或 } 0<Squal\leqslant S_{IntraSearchQ} \tag{8-3}$$

式中,$S_{IntraSearchP}$ 为同频测量 RSRP 判决门限;$S_{IntraSearchQ}$ 为同频测量 RSRQ 判决门限。

2)异频同优先级/低优先级/高优先级重选启动测量

当前服务小区的信号功率或质量满足式(8-4)时,启动异频同优先级/低优先级频点的重选测量,否则不启动测量:

$$0<Srxlev\leqslant S_{nonIntraSearchP} \text{ 或 } 0<Squal\leqslant S_{nonIntraSearchQ} \tag{8-4}$$

式中,$S_{nonIntraSearchP}$ 为异频测量 RSRP 判决门限;$S_{nonIntraSearchQ}$ 为异频测量 RSRQ 判决门限。由于异频高优先级重选会一直测量,因此无须启动测量过程。

2. 重选判决

不同类型重选的判决准则各不相同,同频重选与异频同优先级重选需遵循 R 准则,异频不同优先级重选需遵循相应的重选准则。

1)同频/异频同优先级小区重选判决准则

对于同频或异频同优先级的小区重选,NR 中采用 R 准则进行重选判决,要求将邻小区的 Rn 与服务小区的 Rs 进行比较,当邻小区 Rn 大于服务小区 Rs,且持续时间超过定时器(Treselection),同时 UE 已在当前服务小区驻留超过 1 s 时,触发向邻小区的重选流程。

R 值的计算公式为

$$（Rn=Qmeas,n-Qoffset）$$
$$（Rs=Qmeas,s+Qhyst）\qquad\qquad（8-5）$$

式中的参数说明如表 8-2 所示。

表 8-2　小区重选 R 准则参数说明

参数名	单位	意义
Qmeas,s	dBm	UE 测量到的服务小区 RSRP 实际值
Qmeas,n	dBm	UE 测量到的邻小区 RSRP 实际值
Qhyst	dB	服务小区的重选迟滞,常用值为 2。 可使服务小区的信号强度被高估,延迟小区重选
Qoffset	dB	被测邻小区的偏移值,包括不同小区间的偏移 Qoffset_s,n 和不同频率之间的偏移 Qoffset_frequency,常用值为 0。 可使相邻小区的信号或质量被低估,延迟小区重选;还可根据不同小区、载频设置不同偏置,影响排队结果,以控制重选的方向
Treselection	s	同优先级小区重选的定时器时长,用于避免乒乓效应

2）高优先级小区重选判决准则

对于高优先级小区重选,UE 无须启动测量,当重选目标小区的 $S_{nonServingCell}>$ $Thresh_{X,high}$,且持续 Treselection,同时 UE 已在当前服务小区驻留超过 1 s 时,触发向高优先级邻小区的重选流程。高优先级小区重选参数说明如 8-3 所示。

表 8-3　高优先级小区重选参数说明

参数名	单位	意义
$S_{nonServingCell}$	dB	邻小区 S 值,取服务小区重选配置中异频重选最小接收电平
$Thresh_{X,high}$	dB	重选至高优先级小区的重选判决门限,其值越小,重选至高优先级小区越容易。一般设置为高于 $Thresh_{X,low}$
Treselection	s	优先级不同的 NR 小区重选的定时器时长,用于避免乒乓效应

3）低优先级小区重选判决准则

对于低优先级小区重选,当 UE 满足启动测量条件后,若高优先级和同优先级频率层上没有其他合适的小区,当重选目标小区的 $S_{nonServingCell}>Thresh_{X,low}$,服务小区的 $S_{ServingCell}<Thresh_{Serving,low}$,且持续 Treselection,同时 UE 已在当前服务小区驻留超过 1 s 时,才触发向低优先级邻小区的重选流程。低优先级小区重选参数说明如表 8-4 所示。

表 8-4　低优先级小区重选参数说明

参数名	单位	意义
$S_{nonServingCell}$	dB	邻小区 S 值,取服务小区重选配置中异频重选最小接收电平
$Thresh_{X,low}$	dB	重选至低优先级小区的重选判决门限,其值越大,重选至低优先级小区越困难。一般设置为低于 $Thresh_{X,high}$
$S_{ServingCell}$	dB	服务小区 S 值

续表

参数名	单位	意义
$\text{Thresh}_{\text{Serving, low}}$	dB	重选至低优先级时,服务小区的判决门限
Treselection	s	优先级不同的 NR 小区重选的定时器时长,用于避免乒乓效应

NR 重选判决中不同门限的关系如图 8-2 所示。

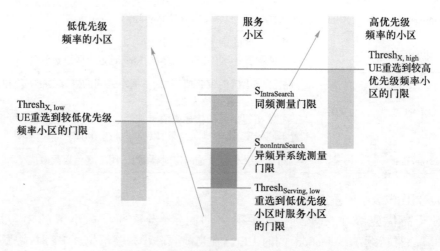

图 8-2　NR 重选判决中不同门限的关系

图 8-2 展示了服务小区重选到候选小区的优先顺序为:异频高优先级小区>同频小区和异频同优先级小区>异频低优先级小区。其中,异频同优先级小区的重选要点与同频小区类似,都是遵循 S 准则和 R 准则。

任务实施

演示视频
重选配置演示

为了完成本任务,需要进行波束规划与配置、NR 重选配置两大步骤。
小区重选配置流程如图 8-3 所示。

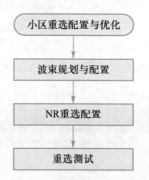

图 8-3　小区重选配置流程

　　小区重选主要考查 S 准则与 R 准则的应用,要求重选路径可正常接收基站信号。

5G 全网软件中小区重选相关参数说明如表 8-5 所示。

表 8-5　小区重选相关参数说明

参数名称	参数说明
CU 小区标识	CU 小区的标识,取值范围为 1~3
小区选择所需的最小 RSRP 接收水平/dBm	小区在进行选择时所需要的最小 RSRP 接收水平,取值范围为-154~140,建议取负值,越小越好
小区选择所需的最小 RSRP 接收电平偏移	小区在进行选择时所需要的最小 RSRP 接收电平的偏移,偏移值范围为-30~30,建议取负值,越小越好,满足 S 准则
UE 发射功率最大值	UE 所能发射功率的最大值为 23,直接取 23 即可,也可以自定义,只要满足 S 准则即可
同频测量 RSRP 判决门限	同频重选启动测量的门限,取值范围为 0~62,该值越大,重选测量启动越快,建议取最大值
服务小区重选迟滞	服务小区进行重选时的迟滞,该值越大,重选越不容易进行,取值范围为 0~30,建议取最小值,满足 R 准则
频内小区重选判决定时器时长	同频小区进行重选判决时依据此参数判断信号是否在该时间内好于本小区
乒乓重选抑制(同位置最大重选 1 次)	防止小区进行乒乓重选
同/低优先级 RSRP 测量判决门限/dB	异频小区重选至同、低优先级的启动测量门限
频点重选优先级	异频小区重选时频点重选的优先级
频点重选子优先级	异频小区重选时频点重选的子优先级
频点重选偏移	异频小区重选时频点重选的偏移量,可使相邻小区的信号质量被低估,延迟小区重选
小区异频重选所需的最小 RSRP 接收水平/dBm	小区异频重选所需的最小 RSRP 接收水平,小区满足选择或重选条件的最小接收功率级别值,与同频同理
重选到低优先级频点时服务小区的 RSRP 判决门限	重选到低优先级频点时服务小区的 RSRP 判决门限,该值越大,重选至低优先级小区越容易,与同频同理
异频频点低优先级重选门限	异频频点低优先级重选门限,该值越大,重选至低优先级小区越困难,与同频同理
异频频点高优先级重选门限	小区重选至高优先级的重选判决门限,该值越小,重选至高优先级小区越容易

1. 波束规划与配置

　　此处以建安市 J2→J7 为例,进行小区重选的配置。

　　步骤 1:扇区方位角规划与配置。

　　此处配置的扇区 1 的覆盖范围为 0°~120°,扇区 2 的覆盖范围为 120°~240°,扇区 3 的覆盖范围为 240°~360°（0°）。

　　步骤 2:小区波束规划与配置。

小区 1 配置一个波束,小区 2 配置两个波束,配置如表 8-6 所示。

表 8-6　波束配置

扇区	序号	子波束索引	方位角	下倾角	水平波宽	垂直波宽	实际覆盖角度范围
1	1	0	70°	0°	40°	40°	50°~90°
2	1	0	10°	0°	40°	10°	110°~150°
2	2	1	0°	0°	40°	10°	100°~140°

2. NR 重选配置

此处配置的参数值需要根据 S 准则以及 R 准则进行计算,然后进行配置,需分别添加两条 NR 重选测量配置,具体公式参考本任务的"任务准备"部分。重选配置如表 8-7 所示。

表 8-7　重选配置

参数名称	CU1 参数规划	CU2 参数规划
CU 小区标识	1	2
小区选择所需的最小 RSRP 接收水平/dBm	−120	−120
小区选择所需的最小 RSRP 接收电平偏移	0	20
UE 发射功率最大值	23	23
同频测量 RSRP 判决门限	62	30
服务小区重选迟滞	0	1
频内小区重选判决定时器时长	0	1
乒乓重选抑制(同位置最大重选 1 次)	打开	打开
同/低优先级 RSRP 测量判决门限/dB	1	1
频点重选优先级	1	3
频点重选子优先级	0	0.2
频点重选偏移	目标小区频段指示为 78,频间频率偏移为 2,下行中心频点为 630000	目标小区频段指示为 77,频间频率偏移为 0,下行中心频点为 629000
小区异频重选所需的最小 RSRP 接收水平/dBm	−120	−31
重选到低优先级频点时服务小区的 RSRP 判决门限	1	1
异频频点低优先级重选门限	1	1
异频频点高优先级重选门限	2	1

配置完成之后即可进行重选验证,重选次数为 1 次,成功率为 100% 即为成功,如图 8-4 所示。

图 8-4   重选成功

任务拓展

思考一下,能否实现本城市其他两个测试点的重选业务? 若不成功,需要从哪些配置入手进行修改?

任务测验

一、选择题

1. 小区重选应该遵循的准则是(   )。

    A. S 准则和 H 准则   B. R 准则和 E 准则

    C. S 准则和 R 准则   D. S 准则和 E 准则

答案

任务 8.1 测验答案

2. 以下关于小区重选的描述中正确的是(   )。

    A. 小区驻留的条件参数准则 : $Srxlev>0$

    B. 小区重选启动测量的准则为 R 准则

    C. 服务小区重选到同频候选小区的优先级是最高的

    D. 重选判决有关门限中,需要设置 $Thresh_{X,high}>Thresh_{X,low}$

3. 关于小区重选,以下说法中错误的是(   )。

    A. 服务小区及异频异系统邻区重选优先级通过系统消息在小区广播中下发给 UE

    B. 邻区偏置值 Qoffset 越大,越难重选到该小区

    C. 异频邻区的优先级一定和服务小区不同

    D. 同频邻区的优先级相同

4. 含义为"同优先级小区重选的定时器时长,用于避免乒乓效应"的参数是(　　　　)。

　　A. Qmeas　　　　　　B. Qhyst　　　　　　C. Qoffset　　　　　　D. Treselection

二、简答题

实际的频点优先级是怎么计算的?

任务 8.2　配置 5G 切换

任务描述

　　本任务在前期网络基础优化配置成功的情况下,进行小区切换所需的数据配置(包括覆盖切换配置、邻区配置、邻接关系表配置等)及小区切换参数的调整,完成小区切换业务,并满足切换要求。

　　通过本任务,可以学习切换的原理及过程,掌握 5G 切换配置方法及流程。

任务准备

微课
切换

　　为了完成本任务,需要做以下知识准备:了解小区切换的过程。

　　5G 网络由于组网架构的多样性,切换也存在多种类型,其中 SA 组网下的切换原理与 LTE 类似,NSA 组网下的切换类型较多,主要分为 LTE 系统内切换和 NR 系统内切换。

　　5G NR 系统内切换的流程与 4G 一样,仍然包括测量、判决、执行三步。

　　(1)测量:由 RRC Connection Reconfiguration 消息携带下发,测量 NR 的 SSB、EUTRAN 的 CSI-RS。

　　(2)判决:UE 上报 MR(该 MR 可以是周期性的,也可以是事件性的),基站判断是否满足门限。

　　(3)执行:基站将要切换到的目标小区下发给 UE。

　　网管侧可根据实际情况配置具体的切换测量事件类型,现网多采用 A3 事件作为切换测量事件,A3 事件终端测量机制如图 8-5 所示。

　　当终端满足(A3 事件)Mn+Ofn+Ocn−Hys>Ms+Ofs+Ocs+Off 且维持 Time to Trigger 个时段后上报测量报告。当 Mn+Ofn+Ocn+Hys<Ms+Ofs+Ocs+Off 时离开事件。各参数含义如表 8-8 所示。

表 8-8　切 换 参 数

参数	Mn	Ofn	Ocn	Hys	Ms	Ofs	Ocs	Off
含义	邻小区测量值	邻小区频率偏移	邻小区偏置	迟滞值	服务小区测量值	服务小区频率偏移	服务小区偏置	偏置值

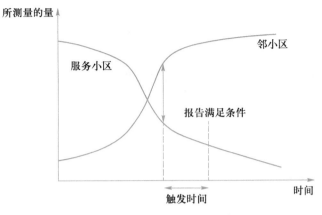

图 8-5　A3 事件终端测量机制

切换事件具体算法参见 3GPP TS 38.331 协议的 5.5.4,NR 可使用的切换事件及其含义如表 8-9 所示。

表 8-9　切换事件及其含义

事件类型	事件含义
A1	服务小区高于绝对门限
A2	服务小区低于绝对门限
A3	邻区比服务小区高于相对门限
A4	邻区高于绝对门限
A5	邻区高于绝对门限且服务小区低于绝对门限
A6	用于载波聚合,当邻区比辅服务小区高于相对门限时,用于切换辅服务小区
B1	异系统邻区高于绝对门限
B2	本系统服务小区低于绝对门限且异系统邻区高于绝对门限

切换功能对应事件如表 8-10 所示。

表 8-10　切换功能对应事件

功能	事件
基于覆盖的同频测量	A3,A5
释放 SN 小区	A2
更改 SN 小区	A3
CA 增加 Scell 测量	A4
CA 删除 Scell 测量	A2
基于覆盖的异频测量	A3,A5
打开用于切换的异频测量	A2
关闭用于切换的异频测量	A1

SA 切换的信令流程如下:当源 gNB 收到 UE 的测量上报,并判决 UE 向目标 gNB 切换时,会直接通过 Xn 接口向目标 gNB 申请资源,完成目标小区的资源准备,之后通过空口的重配消息通知 UE 向目标小区切换,切换成功后,目标 gNB 通知源 gNB 释放原来小区的无线资源。此外,还要将源 gNB 未发送的数据转发给目标 gNB,并更新用户面和控制面的节点关系。

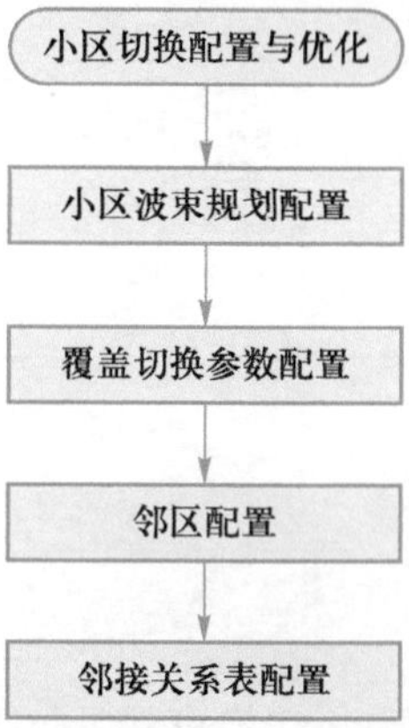

任务实施

演示视频
切换配置演示

为了完成本任务,需要进行小区波束规划配置、覆盖切换参数配置、邻区配置、邻接关系表配置四大步骤。

切换配置流程如图 8-6 所示。

5G 全网软件中相关参数说明如表 8-11 和表 8-12 所示。

```
小区切换配置与优化
      ↓
小区波束规划配置
      ↓
覆盖切换参数配置
      ↓
邻区配置
      ↓
邻接关系表配置
```

图 8-6　切换配置流程

表 8-11　覆盖切换参数说明

参数名称	参数说明
乒乓切换抑制	用于限制乒乓切换,软件中开启后同一位置最多可切换一次
同频切换 A3 的偏移	同频切换 A3 事件中的 Ocs
同频切换 A3 的判决迟滞	同频切换 A3 事件中的 Hys
基于异频切换 A4,A5 的 A2 门限	异频切换采用 A4 或 A5 事件时打开异频测量的门限值,服务小区低于此门限打开异频测量
基于异频切换 A4,A5 的 A1 门限	异频切换采用 A4 或 A5 事件时关闭异频测量的门限值,服务小区高于此门限关闭异频测量
异频切换 A4 的邻区门限/A5 的门限 2	异频切换采用 A4 或 A5 事件时邻区的绝对门限,A4 事件中邻区高于此门限发生切换,A5 事件中邻区高于此门限时满足切换条件 2
异频切换 A5 的门限 1	异频切换采用 A5 事件时的服务小区门限,当服务小区低于此门限时满足切换条件 1
基于异频切换 A3 的 A2 门限	异频切换采用 A3 事件时打开异频测量的门限值,服务小区低于此门限打开异频测量
基于异频切换 A3 的 A1 门限	异频切换采用 A3 事件时关闭异频测量的门限值,服务小区高于此门限关闭异频测量
异频切换 A3 的偏移	异频切换 A3 事件中的 Ocs
异频切换 A3 的判决迟滞	异频切换 A3 事件中的 Hys
异频邻接小区切换事件	切换到此邻区时采用的切换事件
邻接小区偏移	A3 事件中的 Ocn

表 8-12　邻区配置参数说明

参数名称	参数说明
邻接小区基站标识	邻接小区的基站标识,邻接 BBU 基站时,填写 BBU 的基站标识;邻接本基站时,填写本基站标识

参数名称	参数说明
邻接小区 DU 标识	邻接小区的 DU 标识,填写本基站 DU 标识
邻接小区标识	邻接小区的小区标识,邻接 BBU 小区时,填写 BBU 小区标识;邻接本基站小区时,填写本基站小区标识
邻接小区 PLMN	邻接小区的 PLMN,统一为 MCC+MNC,和核心网保持一致
邻接小区跟踪区码(TAC)	邻接小区的 TAC,邻接 BBU 小区时,填写 BBU 的小区 TAC;邻接本基站小区时,填写本基站小区 TAC
邻接小区物理小区识别码(PCI)	邻接小区的 PCI,邻接 BBU 小区时,填写 BBU 的小区 PCI;邻接本基站小区时,填写本基站小区 PCI
邻接小区频段指示	邻接小区频段指示,邻接 BBU 小区时,填写 BBU 的小区频段;邻接本基站小区时,填写本基站小区频段
邻接小区下行链路的中心载频	邻接小区下行链路的中心载频,邻接 BBU 小区时,填写 BBU 的中心载频;邻接本基站小区时,填写本基站小区中心频段
邻接小区的频域带宽	邻接小区的频域带宽,邻接 BBU 小区时,填写 BBU 的小区频域带宽;邻接本基站小区时,填写本基站小区频域带宽
异频邻接小区切换事件	异频邻接小区切换事件有 A3、A4、A5,默认即可
邻接小区偏移	邻接小区的偏移,越小取值越好
重选时邻接小区对服务小区偏差	重选时邻接小区对服务小区的偏差,越小取值越好
邻接小区协作类型	邻接小区是否支持协作,支持哪种类型的协作

1. 小区波束规划配置

此处以建安市 J2→J7(A3 事件)为例,进行覆盖切换的配置。

步骤 1:扇区方位角规划与配置。

此处配置的扇区 1 的覆盖范围为 0°~120°,扇区 2 的覆盖范围为 120°~240°,扇区 3 的覆盖范围为 240°~360°(0°)。

步骤 2:小区波束规划与配置。

小区 1 配置一个波束,小区 2 配置两个波束,配置如表 8-13 所示。

表 8-13　波束配置

扇区	序号	子波束索引	方位角	下倾角	水平波宽	垂直波宽	实际覆盖角度范围
1	1	0	70°	0°	40°	40°	50°~90°
2	1	0	10°	0°	40°	10°	110°~150°
2	2	1	0°	0°	40°	10°	100°~140°

2. 覆盖切换参数配置

此处配置的参数值需要根据 A3 事件判定公式进行计算,然后进行配置,需分别添加两条切换配置,具体公式参考本任务的"任务准备"部分。覆盖切换参数配置如表 8-14 所示。

表 8-14   覆盖切换参数配置

参数名称	CU1 参数规划	CU2 参数规划
CU 小区标识	1	2
乒乓切换抑制	打开	打开
同频切换 A3 的偏移	−15	−15
同频切换 A3 的判决迟滞	1	1
基于异频切换 A4,A5 的 A2 门限	−156	−156
基于异频切换 A4,A5 的 A1 门限	−31	−31
异频切换 A4 的邻区门限/A5 的门限 2	−156	−156
异频切换 A5 的门限 1	−31	−31
基于异频切换 A3 的 A2 门限	−40	−40
基于异频切换 A3 的 A1 门限	−31	−31
异频切换 A3 的偏移	−15	−1
异频切换 A3 的判决迟滞	1	1

3. 邻区配置

本任务是从 J2 点位切换至 J7 点位,即从小区 1 切换至小区 2,所以需要将小区 2 作为小区 1 的邻区添加至邻区配置中,小区 1 中的邻区配置如表 8-15 所示。

表 8-15   小区 1 中的邻区配置

邻区配置参数	配置参考
邻接小区基站标识	2
邻接小区 DU 标识	2
邻接小区标识	2
邻接小区 PLMN	46000
邻接小区跟踪区码(TAC)	1122
邻接小区物理小区识别码(PCI)	8
邻接小区频段指示	78
邻接小区下行链路的中心载频	3450
邻接小区的频域带宽	273
异频邻接小区切换事件	A3
邻接小区偏移	24
重选时邻接小区对服务小区偏差	1
邻接小区协作类型	支持上下行 CA

4. 邻接关系表配置

将小区 2 作为小区 1 的邻区添加至邻接关系表。本地小区标识为 1,FDD 邻接小区为 1,TDD 邻接小区为 1,NR 邻接小区为 2-2。

配置完成之后即可进行切换验证,切换次数为 1 次,成功率为 100% 即为成功。

任务拓展

思考一下,能否实现本城市其他两个测试点的切换业务? 若不成功,需要从哪些配置入手进行修改?

任务测验

选择题

1. 以下事件中不属于切换事件的是(　　　)。
　　A. B3　　　　　　B. A1　　　　　　C. A3　　　　　　D. B1
2. 5G NR 系统内的切换流程与 4G 一样,仍然包括(　　　)。
　　A. 测量　　　　　B. 判决　　　　　C. 执行　　　　　D. 重选
3. 切换验证对应到软件中的实时业务有(　　　)。
　　A. 空载　　　　　B. FTP 上传　　　C. FTP 下载　　　D. 语音
4. 功能为"更改 SN 小区"的事件是(　　　)。
　　A. A1　　　　　　B. A2　　　　　　C. A3　　　　　　D. A4

答案
任务 8.2 测验答案

任务 8.3　配置 5G 漫游

任务描述

本任务在前期小区业务拨测成功的情况下,进行 Option 3x 核心网对接配置、Option 2 核心网对接配置,完成漫游所需的数据配置,并满足漫游要求。

通过本任务,可以了解不同城市核心网网元对接关系及漫游业务配置流程,掌握漫游业务配置的方法。

任务准备

为了完成本任务,需要做以下知识准备:了解 5G 漫游架构。

1. 5G 漫游架构

漫游是指 UE 离开自己归属的网络(HPLMN),移动到另一拜访地网络(VPLMN)

微课
漫游

后,移动通信系统仍可向其提供服务,拜访地即漫游地。根据漫游业务归属地与拜访地的差异,漫游可分为漫游地路由(local breakout,LBO)和归属地路由(home-routed,HR)两种架构。LBO 架构中,用户面业务通过漫游地网络接入获取相应的业务,不需要归属地网络协助处理,其中 PDU 会话的锚点及控制 SMF 在漫游地网络中。HR 架构中,用户面业务回流到归属地网络获取相应的业务。

图 8-7 和图 8-8 分别展示了在 5GC 网络间漫游时的 LBO 漫游和 HR 漫游两种类型。LBO 漫游的 SMF 和会话使用的 UPF 均由 VPLMN 控制。HR 漫游的会话由 HPLMN 的 SMF、UPF 和 VPLMN 的 SMF、UPF 共同控制,UPF 由各自 PLMN 的 SMF 进行选择。

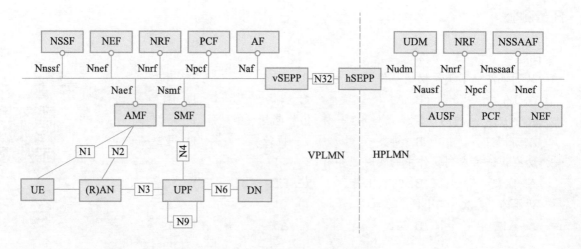

图 8-7 5GC 网络间 LBO 漫游架构

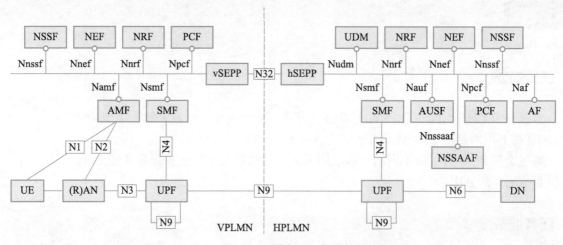

图 8-8 5GC 网络间 HR 漫游架构

当在 5GC 核心网和 EPC 核心网之间进行漫游时,也存在 LBO 和 HR 两种漫游架构,如图 8-9 和图 8-10 所示。

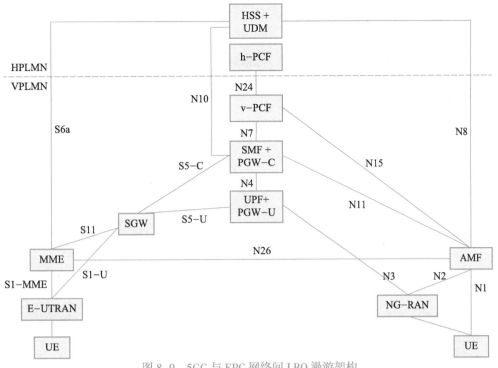

图 8-9 5GC 与 EPC 网络间 LBO 漫游架构

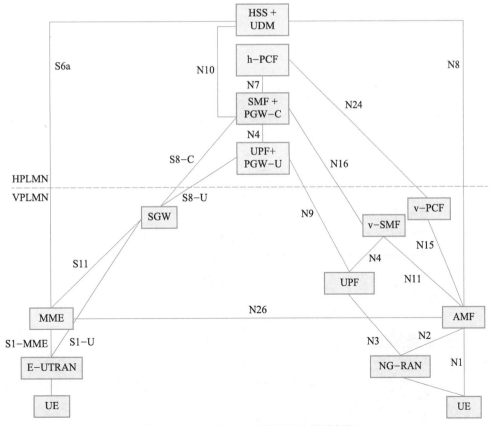

图 8-10 5GC 与 EPC 网络间 HR 漫游架构

2. 5G 全网软件中的漫游

1）两小区均为 Option 3x

当两小区的网络架构均为 Option 3x 时，漫游架构如图 8-11 所示，漫游网络 VPLMN 的 SGW 会将终端请求的数据转发到 HPLMN 的 PGW 上，数据出口在 VPLMN 网络中，MME 与 HSS 互相对接。

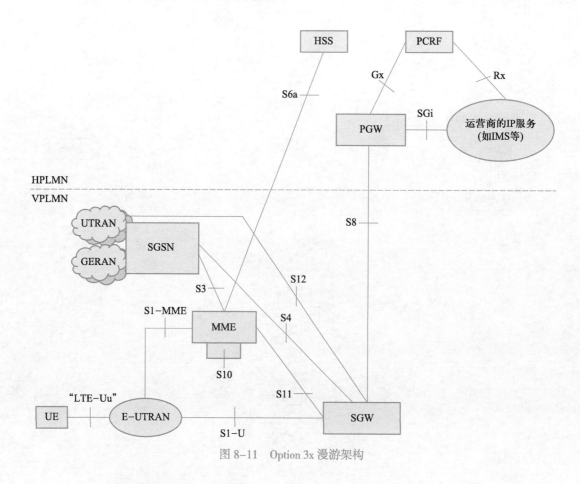

图 8-11　Option 3x 漫游架构

2）两小区均为 Option 2

当两小区均为 Option 2 时，无须配置参数，软件中默认可自动漫游。

3）两小区分别为 Option 2 和 Option 3x

当两小区为不同网络架构时，5G 全网软件中采用的漫游架构为图 8-9 所示的 LBO 类型。

任务实施

本任务以兴城市 B 站点（Option 3x）和建安市 C 站点（Option 2）为例进行配置，双向漫游配置步骤如下：

演示视频
漫游配置演示

1. 兴城市核心网机房数据配置

步骤 1:增加 Diameter 连接。

选择"网络配置"→"数据配置"→"核心网"→"兴城市核心网机房",进行 MME 与 UDM 的对接配置。单击 MME→"与 HSS 对接配置"→"增加 Diameter 连接" 选项,再单击 "+" 按钮,添加一条 Diameter 连接。设置连接 ID 为 2,偶联本端 IP 为兴城市 MME 的 S6a 地址,偶联对端 IP 为建安市 UDM 的服务端地址,偶联对端端口号为建安市 UDM 的服务端端口号,偶联应用属性为"客户端",域名自定义,偶联本端端口号自定义。

步骤 2:号码分析配置。

单击 MME→"与 HSS 对接配置"→"号码分析配置" 选项,再单击 "+" 按钮,添加一条号码分析配置。设置分析号码为 46000,连接 ID 为 2。

步骤 3:MME 路由配置。

单击 MME→"路由配置" 选项,再单击 "+" 按钮,添加一条静态路由去建安市 UDM 的服务端地址,设置下一跳为 MME 侧网关。

步骤 4:与 AMF、SMF 对接配置。

下面进行兴城市 HSS 与建安市 AMF、SMF 的对接配置。单击 HSS→"与 MME 对接配置"→"增加Diameter 连接" 选项,再单击 "+" 按钮,增加两条 Diameter 连接。设置偶联本端 IP 为兴城市 HSS 的 S6a 地址,偶联对端 IP 分别为建安市 AMF、SMF 的服务端地址,偶联对端端口号分别为建安市 AMF、SMF 的服务端端口号,偶联应用属性为"服务器",域名自定义,偶联本端端口号自定义。

步骤 5:HSS 路由配置。

单击 HSS→"路由配置" 选项,再单击 "+" 按钮,添加两条路由分别去建安市 AMF、SMF 的服务端地址,默认路由亦可,设置下一跳为兴城市 HSS 的网关。

2. 建安市核心网机房数据配置

步骤 1:UDM 虚拟路由配置。

选择"网络配置"→"数据配置"→"核心网"→"建安市核心网机房",进行 UDM 与 MME 的对接配置。单击 UDM→"虚拟路由配置" 选项,再单击 "+" 按钮,添加一条虚拟路由配置到兴城市 MME 的 S6a 接口,设置下一跳为建安市 UDM 的网关。

步骤 2:AMF 虚拟路由配置。

下面进行 AMF 与 HSS 的对接配置。单击 AMF→"虚拟路由配置" 选项,再单击 "+" 按钮,添加一条虚拟路由去兴城市 HSS 的 S6a 地址,设置下一跳为 AMF 的网关。

步骤 3:SMF 虚拟路由配置。

下面进行 SMF 与 HSS 的对接配置。单击 SMF→"虚拟路由配置" 选项,再单击 "+" 按钮,添加一条虚拟路由去兴城市 HSS 的 S6a 地址,设置下一跳为 SMF 的网关。

配置完成之后即可进行漫游验证,图 8-12 展示了 JAC1→XCB3 漫游成功,修改移动路径,可看到 XCB3→JAC1 之间也漫游成功。

图 8-12　漫游成功

任务拓展

思考一下，在 Option 3x 核心网中，MME 以及 HSS 在配置与 Option 2 核心网对接时，对接配置中的对端地址是如何选择的？

任务测验

答案
任务 8.3 测验答案

一、选择题

1. 兴城市核心网机房中，在配置 MME 与 UDM 的对接配置时，增加 Diameter 连接后，偶联本端 IP 为 MME 的（　　）接口地址。

　　A. S6a　　　　　　　　　　　　　　B. S11

　　C. S1-MME　　　　　　　　　　　　D. S5/S8 GTP-C

2. 在 Option 3x 核心网 MME 与 HSS 对接配置中，增加的号码分析配置中的连接 ID 应该与 Diameter 连接中的（　　）保持一致。

　　A. 偶联本端端口号　　　　　　　　　B. 偶联对端端口号

　　C. 连接 ID　　　　　　　　　　　　D. 偶联应用属性

3. 建安市核心网机房中，在配置 AMF 与 HSS 的对接配置时，增加虚拟路由配置后，目的地址应该为 HSS 的（　　）接口地址。

　　A. S6a　　　　　　　　　　　　　　B. S11

　　C. S5/S8 GTP-C　　　　　　　　　　D. S5/S8 GTP-U

4. LBO 漫游的 SMF 和会话使用的（　　　　）均由 VPLMN 控制。

    A. SMF　　　　　　B. UPF　　　　　　C. UDM　　　　　　D. PCF

二、填空题

根据漫游业务归属地与拜访地的差异,漫游可分为 LBO 漫游与 HR 漫游两种类型,5G 全网软件中采用的是＿＿＿＿＿＿＿＿＿＿类型。

项目总结

本项目介绍了重选、切换、漫游三种移动性业务的基本概念和业务实施过程,重点讲解了不同业务涉及的事件及参数。通过本项目,可掌握三种移动性业务的配置过程。

本项目学习的重点主要是:重选的过程;切换的过程;漫游的过程。

本项目学习的难点主要是:重选、切换、漫游业务过程中波束的调整;影响移动性管理性能的参数的调整方法。

赛事模拟

【选自 2021 年第五届全国大学生"现代通信网络部署与优化设计"大赛决赛赛题】

结合 5G 时代发展需要,兴城市计划在原有 4G 网络基础上部署 5G 网络,为节约建设成本,兴城市和建安市分别采用 Option 3x、Option 2 网络架构,目前该区域已经完成一部分网络建设工作,尚未完工。请基于系统当前数据,继续完善补全无线网、核心网、承载网的设备部署及数据配置,并结合规划设计和调测工具,完成以下各项任务:

（1）在工程模式下,完成兴城市、建安市的 JAB1、JAB2、JAB3、JAC1、JAC2、JAC3、XCB1、XCB2、XCB3 的小区拨测验证。

（2）在工程模式下,完成兴城市 J6、建安市 X2 两个点的定点测试,要求如下:

J6:SSB RSRP≥−140 dBm,SSB SINR≥12 dB,上行速率≥10 Mbit/s,下行速率≥120 Mbit/s,语音业务正常。

X2:SSB RSRP≥−140 dBm,SSB SINR≥12 dB,上行速率≥10 Mbit/s,下行速率≥200 Mbit/s,语音业务正常。

（3）在实验模式下,完成兴城市中 J5→J3 基于 A3 事件的切换、建安市中 X3→X6 切换、兴城市中 J2→J7 重选、建安市中 X4→X6 重选以及 XCB3 与 JAC1 间双向漫游测试。要求终端成功从起点移动至终点,且测试过程中无切换失败、无重选失败方得分,发生任意一次失败则相应测试不得分。漫游测试时,双向漫游成功得分,仅单向成功不得分。

补充说明:

（1）合理部署并完成各机房中设备及连线。

（2）合理规划数据并完善数据配置。

（3）不能对已有的网络数据做任何改动,如果改动已有的数据,系统后台会告警并自动扣分。

（4）业务验证任务以工程模式下的 JAB1、JAB2、JAB3、JAC1、JAC2、JAC3、XCB1、XCB2、XCB3 共 9 个小区的终端业务正常为验收指标。终端业务正常指在该小区下，终端正常接入网络且业务成功。

【解析】

此题属于完善题，重点考查学生对数据之间关系的理解情况，看其能否在部分已知数据的基础上，补全其余数据并进行调试。此题在基础配置之上，要求进一步优化配置，实现指定小区的重选、切换、漫游等业务指标。要求学生掌握移动性管理的步骤，并能灵活调整其对应的参数。

参考文献

［1］ 3GPP TS 38.101：NR；User Equipment（UE）radio transmission and reception；Part 1：Range 1 Standalone.

［2］ 3GPP TS 38.300：NR；Overall description；Stage 2.

［3］ 3GPP TS 38.401：NR；Radio Resource Control（RRC）；Protocol specification.

［4］ 3GPP TS 38.413：NR；NG-RAN；Synchronization signals and PBCH.

［5］ 王映民,孙韶辉.5G 移动通信系统设计与标准详解［M］.北京：人民邮电出版社,2020.

［6］ 杨昉,刘思聪,高镇.5G 移动通信空口新技术［M］.北京：电子工业出版社,2020.

［7］ 张阳,郭宝,刘毅.5G 移动通信：无线网络优化技术与实践［M］.北京：机械工业出版社,2021.

［8］ 张建国,杨东来,徐恩,等.5G NR 物理层规划与设计［M］.北京：人民邮电出版社,2020.

［9］ 刘晓峰,孙韶辉,杜忠达,等.5G 无线系统设计与国际标准［M］.北京：人民邮电出版社,2019.

［10］ 朱晨鸣,王强,李新,等.5G 关键技术与工程建设［M］.北京：人民邮电出版社,2019.

［11］ 贾跃.5G 网络组建与维护［M］.北京：北京邮电大学出版社,2022.

［12］ 陈山枝,王胡成,时岩.5G 移动性管理技术［M］.北京：人民邮电出版社,2019.

［13］ 张传福,赵燕,于新雁,等.5G 移动通信网络规划与设计［M］.北京：人民邮电出版社,2020.

［14］ 吴俊卿,张智群,李保罡,等.5G 通信系统技术原理与实现［M］.北京：人民邮电出版社,2020.

［15］ PANG J,WANG S,TANG Z,et al. A new 5G radio evolution towards 5G-Advanced［J］.中国科学：信息科学（英文版）,2022,65（9）：5-49

［16］ 龙彪,陈卓怡,张钰滢.5G 接入与移动性管理策略增强的应用探索［J］.移动通信,2022,46（1）：6.

［17］ 林平平,张光辉,李晶.5G SA 网络的移动性管理研究［J］.电子技术应用,2020,46（9）：7.

［18］ 马泽芳,马瑞涛,李晨仪.5G 异网漫游部署方案研究［J］.邮电设计技术,2021（9）：66-71.

郑重声明

高等教育出版社依法对本书享有专有出版权。任何未经许可的复制、销售行为均违反《中华人民共和国著作权法》，其行为人将承担相应的民事责任和行政责任；构成犯罪的，将被依法追究刑事责任。为了维护市场秩序，保护读者的合法权益，避免读者误用盗版书造成不良后果，我社将配合行政执法部门和司法机关对违法犯罪的单位和个人进行严厉打击。社会各界人士如发现上述侵权行为，希望及时举报，我社将奖励举报有功人员。

反盗版举报电话 （010）58581999　58582371

反盗版举报邮箱　dd@hep.com.cn

通信地址　北京市西城区德外大街 4 号
　　　　　高等教育出版社法律事务部

邮政编码　100120

读者意见反馈

为收集对教材的意见建议，进一步完善教材编写并做好服务工作，读者可将对本教材的意见建议通过如下渠道反馈至我社。

咨询电话　400-810-0598

反馈邮箱　gjdzfwb@pub.hep.cn

通信地址　北京市朝阳区惠新东街 4 号富盛大厦 1 座
　　　　　高等教育出版社总编辑办公室

邮政编码　100029

授课教师如需获得本书配套教辅资源，请登录"高等教育出版社产品信息检索系统"（https://xuanshu.hep.com.cn）搜索下载，首次使用本系统的用户，请先进行注册并完成教师资格认证。

高教社高职工科分社电板块教材服务中心：gzdz@pub.hep.cn